青岛古树名木

张薇瑛 主编

中国海洋大学出版社

·青岛·

图书在版编目（CIP）数据

青岛古树名木 / 张薇瑛主编 . -- 青岛：中国海洋
大学出版社 , 2024.9

ISBN 978-7-5670-3713-7

Ⅰ . ①青… Ⅱ . ①张… Ⅲ . ①树木－介绍－青岛
Ⅳ . ① S717.252.3

中国国家版本馆 CIP 数据核字 (2023) 第 222849 号

青岛古树名木
QINGDAO GUSHU MINGMU

出版发行	中国海洋大学出版社	
社　　址	青岛市香港东路23号	邮政编码　266071
出 版 人	刘文菁	
网　　址	http://pub.ouc.edu.cn	
电子信箱	1193406329@qq.com	
订购电话	0532－82032573（传真）	
责任编辑	孙宇菲	电　　话　0532－85902349
装帧设计	王谦妮	
印　　制	青岛国彩印刷股份有限公司	
版　　次	2024年9月第1版	
印　　次	2024年9月第1次印刷	
成品尺寸	210 mm×285 mm	
印　　张	17.25	
印　　数	1—1000	
字　　数	343千	
定　　价	298.00元	

发现印装质量问题，请致电0532-58700166，由印刷厂负责调换。

《青岛古树名木》编纂委员会领导小组

主　任：耿以龙

副主任：殷保家　钱达勇　孙大庆

成　员：耿以龙　殷保家　钱达勇　孙大庆　贺　蕾　刘在雷　范培先

《青岛古树名木》编纂委员会

主　编：张薇瑛

副主编：王宝斋　李　平　由　超　杨　宁　王　爽　袁嘉祥　董运斋　毕鹏伟

编　者：（按姓氏笔画排序）

丁爱秀	于琳倩	马　健	马琨业	马富明	王　爽	王小林	王仁健	王玉光
王平现	王立君	王永涛	王亚珍	王宝斋	王效妹	王强强	石春青	由　超
包　宇	兰芯荷	毕鹏伟	曲　有	曲志霞	吕永全	乔　鸥	庄　戈	刘　琦
刘志磊	刘泓姝	刘淑华	江守毅	江敦舜	孙兴华	孙思清	李　平	李　吉
李　静	李志高	李贵学	杨　宁	杨天资	吴崔杰	邹助雄	张世杰	张伟刚
张玮峰	张薇瑛	林先丛	周义晶	周正广	周晓斌	郑　达	单小仪	赵宝梅
赵选红	郝成伟	荆广宇	钟杰超	侯　昕	侯洪光	逄　晨	姜锡川	姚友繁
袁　磊	袁刚玉	袁嘉祥	桂天丽	贾　宁	徐闪闪	高　颖	高　群	高英杰
崔君滕	崔国慧	董运斋	蔡敬斌	魏小鹏				

摄　影：徐业文　李　平　张薇瑛　由　超

编纂说明

　　《青岛古树名木》是以 2021—2023 年青岛市古树名木普查的数据为基础进行编纂的，主要包括 2022 年全省认定的首批一级保护古树名木 86 株和 2023 年全市认定的首批二级保护古树 291 株。

　　本书部分内容与 2021 年前的青岛市古树名木相关资料有所出入，主要涉及树龄鉴定问题。经鉴定，有些古树的树龄并没有达到原有保护级别，因而这些古树被"降级"；还有一些古树经树龄鉴定，虽未降级，但对其信息记录做出了调整。

　　古树树龄鉴定是一项比较复杂的课题。本书中的树龄鉴定大多采用走访周围群众、查阅相关历史文献以及根据树木生长势所进行的推断，仅有个别古树经过了科学的树龄测定。所以本书中古树的树龄多为"估测"，且不排除将来经过科学手段鉴定后出现树龄变化的情况。

　　本书将青岛市首批一、二级保护的古树名木全部入册。希望本书的出版能提高广大群众的"爱树、守绿"意识，让更多的人加入探究古树历史、建设绿色生态的队伍中来。

　　本书的调查及编纂工作得到了各区市园林和林业部门的支持与帮助。书中的照片全部采集于近两年的古树实况，力求高清、写实；文字内容参考了大量文献及相关资料，力求内容准确。由于水平有限，书中难免有遗漏和不当之处，敬请广大读者批评指正。

编　者

序

随着美丽中国和国土绿化建设步伐的加快，我国不断加大古树名木的保护力度，强化日常养护、监督检查、抢救复壮等管理措施，让千年、百年的古树名木焕发了新生。

近年来，青岛市高度重视古树名木保护及抢救复壮工作，多次修订《青岛市古树名木保护管理办法》，明确由财政专项支持，市园林和林业局推行市县镇街四级联动，形成包含"一树一档""一树一策""一树一芯""一树一景""一树一文化"等内容的"十个一"运营机制，打造"覆盖全过程、全要素，实现数字化、智能化"的古树名木保护"青岛模式"，实现"留住青山名木，守护绿色乡愁"。

随着青岛市公园城市建设的持续推进，一个个以古树为中心的口袋公园不断丰富着城乡空间，在让市民享受物质生活的同时，也让市民感受到精神文化生活的魅力。

一枝一叶总关情。一株株古树，承载着中华五千年历史的记忆，见证着中华民族的永续发展。《青岛古树名木》以古树研究为契机，深挖青岛村镇的形成渊源，探究其历史文化价值，对于多角度了解青岛、了解古树都是十分有益的。希望社会各界都来关心支持这项事业，建设好我们的生态文明，保护好我们的古树，传承好我们的文化。使我们的天更蓝、水更清、山更绿、树更壮，让人类与自然更加和谐地相处。

前　言

　　古树名木是人类社会的珍贵资产，它不仅是一类自然生物资源，还是人类历史的见证者。世事变迁，斗转星移，古树名木以其无比顽强的生命力，真实记载着一座城市的兴衰与变迁，传达着一个地区的古老信息，承载着广大人民群众的乡愁情思，是世界公认的不可复制的绿色文物和活的化石，有着极其重要的历史、文化、生态、科研和经济价值。具有优秀生物进化基因的古树名木，也为人类保护和丰富森林资源的研究探索提供了珍贵的样本。加强古树名木保护，对于推进生态文明建设、维护国家生态安全、赓续中华文化、传承文明薪火都具有十分重要的意义。

　　我国一直高度重视保护古树名木。1996 年，全国绿化委员会印发《关于加强保护古树名木工作的决定》；2000 年，国家建设部印发《城市古树名木保护管理办法》；2015 年，中共中央、国务院印发《关于加快推进生态文明建设的意见》，要求"切实保护珍稀濒危野生动植物、古树名木及自然生境"；2016 年，全国绿化委员会印发《关于进一步加强古树名木保护管理的意见》；2019 年，全国人大常委会修订森林法，将保护古树名木作为专门条款，成为国家依法保护古树名木的里程碑。

　　青岛是一座历史文化名城，有着悠久的宗教文化发源传承和适宜的地理气候条件，古树名木资源在众多的自然与人文遗产中独具风采。这些历史悠久、磅礴雍容、遒劲挺拔、婆娑如盖的古树名木，作为自然与人文历史的丰富载体，印证着青岛这片热土的悠久历史与古老文化。

　　2021 年，山东省绿化委员会办公室印发《关于开展古树名木认定建档工作的通知》，要求对全省古树名木进行统一核实认定，登记造册，逐步实现 "一树一档" "一树一策" 精准化管理。经过全面调查与专家认定，青岛市首批一级保护古树名木 86 株，首批二级保护古树291 株。这 377 株一、二级古树名木将以图文的形式呈现在本书中。希望本书能让您从不同的角度了解青岛，了解古树，也请您加入保护古树名木，探究历史文化，赓续中华文脉的队伍中来。

目 录
Contents

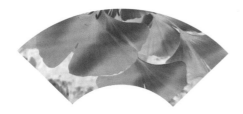

树种篇

　　本次入册的青岛市一、二级保护的古树名木共 23 种 377 株，其中一级古树名木 86 株，二级古树 291 株。分别为银杏 121 株、国槐 108 株、山茶 42 株（含山茶古树群 34 株）、侧柏 34 株（含侧柏古树群 27 株）、圆柏 15 株、柘树 9 株、酸枣 8 株、黄杨 7 株、黄连木 7 株、朴树 6 株、小叶朴 5 株、赤松 3 株、紫薇 2 株，枣、糙叶树、元宝槭、山楂、牡丹、雪柳、栓皮栎、石榴、流苏树、板栗各 1 株。

　　调查数据显示，青岛市树龄最大的是平度东阁街道的一株银杏，估测树龄为 2000 年；胸围最大的是崂山区王哥庄街道的一株国槐，胸围达到 964 厘米；树高最高的是李沧区世园街道的一株银杏，高达 35 米；平均冠幅最大的是崂山太清宫的糙叶树，冠幅达到 28 米。

　　从调查情况来看，青岛市的古树名木主要形成方式有以下几种。一是伴随着宗教文化的发展与传播，庙宇寺观的产生与建设，银杏、圆柏等树种得以被种植并保存下来。这些树种病虫害少且长寿，正符合道教、佛教的教义与追求。另外，庙宇寺观的选址大多山清水秀、向阳背风，在这种环境下，再加上宗教信徒的悉心养护，几百年甚至上千年的古树仍可枝繁叶茂，生机勃勃。二是明朝初期的大移民，人们经过长途迁徙，定居到一个新的地方。为了追忆故乡或宗族，人们会在村中栽植国槐，在家庙、祠堂旁栽植银杏、柏树，在墓地栽植松柏类等，这些古树由于历代战争多数已被砍伐或者毁坏，能够存活至今的实属不易。三是自然野生形成的，这一类以山茶古树为主。青岛近海岛屿由于具有独特的地理位置和气候条件，成为中国山茶自然分布的最北端，这些海岛上人烟稀少，树木生长受人为干扰较少，于是这些树木安静地在这里生存了几百年，逐渐形成了野生古树群。

银杏

Ginkgo biloba L.

别名白果树、公孙树，银杏科银杏属。落叶大乔木，高可达40米，胸径可达5米；树皮幼时浅纵裂，老则深纵裂，粗糙；树冠幼时圆锥形，老后广卵形；枝有长短枝之分；叶扇形，有长柄，叶脉二叉状；在长枝上互生，在短枝上簇生。雌雄异株，球花生于短枝顶端的叶腋或苞腋；雄球花呈柔荑花序状，雌球花有长梗，顶端有1～2个珠座，内生1枚胚珠。种子呈核果状，椭圆形，径2厘米，熟时呈黄色，有白粉。花期4～5月，果期9～10月。

喜光树种，深根性，对气候、土壤要求不严。较耐旱，不耐积水；对大气污染具有一定抗性；抗风，抗火；病虫害较少，寿命极长。

全市广泛栽培应用，历史悠久。道观、庙宇内保留的银杏古树众多。本书收录青岛市一级保护银杏古树42株，二级保护银杏古树79株，主要是庙宇建立时栽植和迁移纪念所植。如今许多庙宇已经圮毁，银杏古树却仍威严矗立，虽历经千百年的风雨，依旧枝繁叶茂，焕发出无限生机。

序号	挂牌号	估测树龄（年）	树高（米）	胸（地）围（厘米）	平均冠幅（米）	具体生长地点	类别
1	37028300002	2000	20.5	560	16	平度市东阁街道博物馆	一级古树
2	37021300002	1600	35	447	23	李沧区世园街道竹子庵公园	一级古树
3	37021400001	1600	23	470	21	城阳区夏庄街道法海寺	一级古树
4	37028100001	1300	30	800	22	胶州市胶东街道大店村	一级古树
5	37028100002	1300	30	800	21	胶州市胶东街道大店村	一级古树
6	37028100003	1100	19.3	570	18.6	胶州市胶西街道寺前村敬老院	一级古树
7	37021200005	1000	18	764	13	崂山区王哥庄街道囤山社区卫生室	一级古树
8	37021200024	1000	25	502	26	崂山林场上清宫	一级古树
9	37021200034	1000	26	530	18	崂山林场凝真观	一级古树
10	37021200036	1000	25	420	17	崂山林场白云洞	一级古树
11	37021200006	800	19	560	14	崂山区北宅街道大崂村	一级古树
12	37021200010	800	30	540	26	崂山林场蔚竹观	一级古树
13	37021200011	700	22	410	17	崂山区青岛启迪高级中学（原青远山庄）	一级古树
14	37021200023	700	17	399	15	崂山林场上清宫	一级古树
15	37021200025	700	26	449	13	崂山林场明霞洞南坡	一级古树
16	37021200026	700	15	399	16	崂山林场明霞洞	一级古树
17	37021200027	700	15	402	16	崂山林场明霞洞	一级古树
18	37021100008	600	21.5	503	19	西海岸新区宝山镇小张八村	一级古树
19	37021100010	600	26	550	19	西海岸新区六汪镇下庵村	一级古树
20	37021100015	600	18	620	19	西海岸新区大场镇井戈庄村	一级古树
21	37021500007	600	18	426	8	即墨区段泊岚镇刘五村	一级古树
22	37021500008	600	13	400	10	即墨区大信街道潘家屯村	一级古树
23	37020300001	500	17.2	414	14	市北区兴隆路街道海云庵	一级古树
24	37021100001	500	18	398	12	西海岸新区灵山卫街道西街村城隍庙	一级古树
25	37021100002	500	15	398	15	西海岸新区灵山卫街道东街村林语画幼儿园	一级古树
26	37021100004	500	16.2	620	20	西海岸新区宝山镇瓦屋大庄村	一级古树
27	37021100005	500	26.5	718	16	西海岸新区宝山镇金岭村	一级古树
28	37021100006	500	27.5	596	20	西海岸新区宝山镇金岭村	一级古树
29	37021100007	500	16.5	504	19	西海岸新区宝山镇向阳村	一级古树
30	37021100009	500	21	475	23	西海岸新区宝山镇白家屯村	一级古树
31	37021100011	500	17.5	512	20	西海岸新区张家楼镇北寨村	一级古树
32	37021100012	500	18.5	398	25	西海岸新区王台镇石梁杨村	一级古树

青岛市银杏古树名录（一、二级保护）

续表

青岛市银杏古树名录（一、二级保护）

序号	挂牌号	估测树龄（年）	树高（米）	胸（地）围（厘米）	平均冠幅（米）	具体生长地点	类别
33	37021100013	500	16.5	455	17	西海岸新区大村镇田庄村	一级古树
34	37021100014	500	24.3	557	23	西海岸新区大村镇双庙村	一级古树
35	37021200001	500	13	396	21	崂山区中韩街道张村河南社区张村幼儿园	一级古树
36	37021200002	500	19	406	20	崂山区沙子口街道栲栳岛社区潮海院	一级古树
37	37021200009	500	25	375	20	崂山林场华楼宫	一级古树
38	37021200013	500	30	349	17	崂山林场太清宫内广场	一级古树
39	37021200015	500	31	367	12	崂山林场太清宫三官殿	一级古树
40	37021200016	500	31	367	9	崂山林场太清宫三官殿	一级古树
41	37021200020	500	26	380	22	崂山林场太清宫三清殿出口处	一级古树
42	37028300008	500	19	583	15	平度市云山镇新庄疃村	一级古树
43	37021110003	490	21	615	12	西海岸新区滨海街道凤凰村	二级古树
44	37021210043	490	22.7	298	13	崂山林场太清宫逢仙桥	二级古树
45	37021510013	480	23	365	16	即墨区鳌山卫街道孙家白庙村	二级古树
46	37021110013	470	16	301	11	西海岸新区灵山卫街道西街村城隍庙	二级古树
47	37021210040	470	12	261	6	崂山林场太清宫翰林院	二级古树
48	37021210064	470	18	340	19	崂山林场凝真观西竹院外	二级古树
49	37021210037	460	20	264	14	崂山林场太清宫仪门西	二级古树
50	37021210046	460	25.3	352	16	崂山林场太清宫三皇殿	二级古树
51	37021210052	460	27	264	12.5	崂山林场太清张坡（驱虎庵）	二级古树
52	37021210055	460	27	311	18.5	崂山林场太清宫庙门出口处	二级古树
53	37021210056	450	25	257	11.5	崂山林场天门后工队房外	二级古树
54	37021210060	450	29.5	310	18	崂山林场明道观台阶路西侧	二级古树
55	37021210061	450	30.5	322	17	崂山林场明道观台阶路东侧	二级古树
56	37021210062	450	17.6	290	16	崂山林场明道观	二级古树
57	37021210063	450	3.5	282	12.5	崂山林场白云洞	二级古树
58	37021210033	440	17	220	10	崂山林场太清宫西南	二级古树
59	37021210036	440	18	273	14	崂山林场太清宫西	二级古树
60	37021210044	440	25.3	220	9	崂山林场太清宫庙门出口处	二级古树
61	37028310043	440	20	400	12	平度市旧店镇北大流河村	二级古树
62	37028310044	440	15	450	11	平度市旧店镇大王头村村委	二级古树
63	37021210034	430	17	251	14	崂山林场太清宫西	二级古树
64	37021210048	430	22	270	9.5	崂山林场太清宫三清殿东	二级古树

序号	挂牌号	估测树龄（年）	树高（米）	胸（地）围（厘米）	平均冠幅（米）	具体生长地点	类别
65	37021210049	430	18.5	286	11.5	崂山林场太清宫神水泉	二级古树
66	37021210004	420	16.8	253	12	崂山区沙子口街道栲栳岛社区潮海院	二级古树
67	37021210017	420	23	235	15	崂山林场华楼宫	二级古树
68	37021210018	420	15	345	19	崂山林场华楼宫	二级古树
69	37021210020	420	12	230	13.5	崂山林场鸿烈别墅	二级古树
70	37021210031	420	19	261	14	崂山林场太清宫南	二级古树
71	37021210032	420	18	239	9	崂山林场太清宫南	二级古树
72	37028110008	420	6.5	280	10	胶州市胶西街道大行二村	二级古树
73	37021210028	410	24	320	11.5	崂山林场太清宫庙东河	二级古树
74	37021210029	410	17	239	15	崂山林场垭口	二级古树
75	37021110004	400	21.5	465	18	西海岸新区长江路街道周家夼社区原址	二级古树
76	37021110021	400	23	470	21	西海岸新区宝山镇吕家村	二级古树
77	37021210021	400	19	230	14	崂山林场蔚竹观	二级古树
78	37021210030	400	20	239	12.5	崂山林场太清宫南	二级古树
79	37028110046	400	14.8	355	7.3	胶州市里岔镇南楼村	二级古树
80	37028110047	400	14.8	355	7.3	胶州市里岔镇南楼村	二级古树
81	37021210057	380	18.5	270	16.5	崂山林场华严寺塔院	二级古树
82	37021210058	380	17	310	16.8	崂山林场华严寺塔院	二级古树
83	37021410008	380	23	370	16	城阳区夏庄街道法海寺外	二级古树
84	37020310001	370	25.5	408	15	市北区辽源路街道福州北路观音寺	二级古树
85	37021110022	370	22	440	18	西海岸新区宝山镇东山前村	二级古树
86	37021110035	370	12	435	14	西海岸新区六汪镇吕家大庄村	二级古树
87	37021210001	370	23	410	22	崂山区金家岭街道大麦岛社区荒草庵	二级古树
88	37021210002	370	20.8	345	10	崂山区沙子口街道石湾村庵子（大士寺）东株	二级古树
89	37021210005	370	13.3	348	21	崂山区沙子口街道东姜社区海庙	二级古树
90	37021210019	370	18	225	12.5	崂山林场华楼宫	二级古树
91	37021110006	360	18	425	18	西海岸新区灵山卫街道太平庵	二级古树
92	37021110029	360	13.3	423	13	西海岸新区大村镇管家村	二级古树
93	37021110005	350	21	414	21	西海岸新区胶南街道郑家河岩村	二级古树
94	37021110027	350	17.8	418	14	西海岸新区大场镇雹泉庙村	二级古树
95	37021110028	350	13.5	412	13	西海岸新区大场镇后河岔村	二级古树
96	37021210016	350	12	335	12	崂山区王哥庄街道港东社区	二级古树

序号	挂牌号	估测树龄（年）	树高（米）	胸（地）围（厘米）	平均冠幅（米）	具体生长地点	类别
97	37028310014	350	21	397	20	平度市白沙河街道后沙戈庄村观音庙	二级古树
98	37021110002	340	15	397	15	西海岸新区灵山卫小学西侧	二级古树
99	37021510006	340	13	390	14	即墨区龙泉街道后蒲渠店村	二级古树
100	37021510010	340	16	340	15	即墨区田横镇北芦村三官庙	二级古树
101	37021510011	340	8	390	8	即墨区田横镇后车家夼村	二级古树
102	37021110014	330	14	385	11	西海岸新区王台街道石灰窑村	二级古树
103	37021510061	330	18	260	12	即墨区金口镇凤凰村	二级古树
104	37021510062	330	18	260	10	即墨区金口镇北迁村	二级古树
105	37021110034	320	19	380	21	西海岸新区六汪镇屯里集村	二级古树
106	37021210003	320	17.8	310	9	崂山区沙子口街道石湾村庵子（大士寺）西株	二级古树
107	37021110001	310	17	371	17	西海岸新区长江路街道千禧银杏苑小区	二级古树
108	37021110015	310	17	308	17	西海岸新区长江路街道千禧银杏苑小区	二级古树
109	37020210001	300	20	322	13	市南区香港中路街道徐州路1号	二级古树
110	37021110020	300	14.1	360	10	西海岸新区六汪镇花沟村	二级古树
111	37021110023	300	10	345	11	西海岸新区宝山镇胡家村	二级古树
112	37021110024	300	19	360	19	西海岸新区宝山镇东宅科村	二级古树
113	37021110025	300	16	366	15	西海岸新区泊里镇东港城华府小区	二级古树
114	37021110026	300	19	367	15	西海岸新区泊里镇蟠龙庵村村史馆	二级古树
115	37021210022	300	18	247	14.5	崂山林场太和观	二级古树
116	37021210035	300	24	251	14.5	崂山林场太清宫西	二级古树
117	37021210045	300	20.2	217	13.5	崂山林场太清宫三皇殿	二级古树
118	37021310001	300	18	330	13	李沧区浮山路街道九水东路与银液泉路交叉口	二级古树
119	37021310002	300	18	310	12	李沧区浮山路街道九水东路与银液泉路交叉口	二级古树
120	37021510012	300	8	260	8	即墨区田横镇后车家夼村	二级古树
121	37021510054	300	9	335	9	即墨区灵山街道索戈庄村	二级古树

青岛市银杏古树名录（一、二级保护）

槐
Sophora japonica L.

别名国槐、家槐，蝶形花科槐属。落叶乔木，高 15 ~ 25 米，胸径可达 1.5 米；树冠球形或阔倒卵形；奇数羽状复叶长 15 ~ 25 厘米，小叶 7 ~ 17 枚，卵形至卵状披针形，长 2.5 ~ 5 厘米，先端尖，背面有白粉和柔毛。圆锥花序顶生，直立；花黄白色；荚果串珠状，肉质，长 2 ~ 8 厘米，不开裂；种子肾形或矩圆形，黑色，长 7 ~ 9 毫米，宽 5 毫米。花期 6 ~ 9 月，果期 10 ~ 11 月。

弱阳性树种，喜深厚肥沃而排水良好的砂质壤土。萌芽力强，耐修剪；抗污染。

全市广泛栽植，百年以上古树较多，多散落于各乡村。本书收录青岛市一级保护国槐古树 8 株，二级保护国槐古树 100 株。形成原因多为明朝大移民之后，为纪念故土"山西大槐树"，各地出现的栽植槐树之风。"问我祖先在何处，山西洪洞大槐树。祖先故里叫什么，大槐树下老鸹窝。"而大槐树，也就成为亲人之间永恒的记忆。槐者"怀"也，怀念故人之意。有的家族为了不忘根本、怀念故人，在新的居住地栽上几棵槐树以为纪念。因而，在民间就有"先有槐树，后有村庄"的说法。

青岛市槐古树名录（一、二级保护）

序号	挂牌号	估测树龄（年）	树高（米）	胸（地）围（厘米）	平均冠幅（米）	具体生长地点	类别
1	37021200004	1000	21.4	964	23	崂山区王哥庄街道东台社区槐树沟	一级古树
2	37028300005	800	12	430	8	平度市南村镇南朱家庄村	一级古树
3	37028300007	800	7	491	8	平度市旧店镇东孟村	一级古树
4	37028500001	700	11.4	490	14	莱西市水集街道石佛院村	一级古树
5	37021500009	600	7	428	13	即墨区龙山街道大留村	一级古树
6	37028300003	600	13	461	8	平度市东阁街道崔召村	一级古树
7	37028300004	600	5.1	430	12	平度市仁兆镇南沙窝村	一级古树
8	37028300001	500	16.5	425	13	平度市东阁街道乔家村	一级古树
9	37021510003	480	12	305	10	即墨区段泊岚镇后埠村	二级古树
10	37021510004	480	8	310	9	即墨区大信街道抬头四村	二级古树
11	37021510048	470	11.8	370	13	即墨区移风店镇徐家沟村	二级古树
12	37028110001	460	7.1	160	10	胶州市阜安街道太平地社区	二级古树
13	37028310045	450	12	180	11	平度市大泽山镇西岳石村	二级古树
14	37021510052	430	12.5	385	12	即墨区段泊岚镇叶家宅科村	二级古树
15	37028510007	430	11.7	340	11.5	莱西市日庄镇姜家屯村	二级古树
16	37028110050	420	5	300	6	胶州市洋河镇崔家小庄村	二级古树
17	37028110051	420	8	260	11	胶州市洋河镇董城村	二级古树
18	37021410003	410	11	390	11	城阳区夏庄街道王家曹村	二级古树
19	37028110010	410	6.7	295	10	胶州市胶莱街道栗园村	二级古树
20	37021510002	400	9	58	7	即墨区移风店镇东太祉庄村	二级古树
21	37021510008	400	8	376	11	即墨区龙山街道石源村	二级古树
22	37028510004	400	7.8	320	9.9	莱西市沽河街道郭家庄村	二级古树
23	37028110017	390	4.4	240	7	胶州市里岔镇曲家庄村	二级古树
24	37028110018	390	4.7	220	8	胶州市里岔镇西张应村	二级古树
25	37028510001	380	12.3	330	15	莱西市沽河街道西张家寨子村	二级古树
26	37028510005	380	9	310	11.5	莱西市夏格庄镇钓鱼台村	二级古树
27	37021110011	370	6.5	357	5	西海岸新区张家楼街道东马家庄村	二级古树
28	37021110018	370	7.8	363	10	西海岸新区六汪镇山周村	二级古树
29	37028510011	370	9.2	340	11.5	莱西市马连庄镇赵家疃村	二级古树
30	37021110008	360	11.5	310	11	西海岸新区铁山街道上沟村	二级古树
31	37021410010	360	12	350	13	城阳区夏庄街道李家沙沟村	二级古树
32	37021510050	360	6	260	8	即墨区蓝村街道小桥村	二级古树

序号	挂牌号	估测树龄（年）	树高（米）	胸（地）围（厘米）	平均冠幅（米）	具体生长地点	类别
33	37021510059	360	12	345	14	即墨区通济街道北龙湾村	二级古树
34	37021410001	350	10	320	12	城阳区城阳街道小寨子宝龙东小区	二级古树
35	37028310004	350	8.1	375	8	平度市白沙河街道巡寨村	二级古树
36	37028310005	350	14	361	16	平度市南村镇瓦子丘村	二级古树
37	37028310007	350	8.6	375	16	平度市明村镇北张家村	二级古树
38	37028310018	350	12	346	12	平度市东阁街道窝洛子村	二级古树
39	37021410002	340	14	310	14	城阳区夏庄街道西宅子头村	二级古树
40	37021410004	340	11	310	15	城阳区夏庄街道马家台杏杭小区内（东株）	二级古树
41	37021410005	340	16	300	15	城阳区夏庄街道马家台杏杭小区内（西株）	二级古树
42	37021110019	330	6.2	320	9	西海岸新区六汪镇不过涧村	二级古树
43	37021210006	330	14.1	321	15	崂山区北宅街道东乌衣巷桥东（东株）	二级古树
44	37021210007	330	9.9	260	13	崂山区北宅街道东乌衣巷桥东（西株）	二级古树
45	37021510065	330	11.6	213	10	即墨区鳌山卫街道孙家白庙村	二级古树
46	37021510066	330	7.2	320	10	即墨区鳌山卫街道新河庄村	二级古树
47	37028510002	330	14.3	320	15	莱西市沽河街道习家埠村	二级古树
48	37028510003	330	16.5	310	19.1	莱西市沽河街道后庄扶村老年公寓	二级古树
49	37028510006	330	14.1	290	16	莱西市院上镇邹家许村	二级古树
50	37028510008	330	8.7	370	14.5	莱西市南墅镇扒头张家村村委	二级古树
51	37021110012	320	6	312	5	西海岸新区张家楼街道东马家庄村	二级古树
52	37021410006	320	15	198	11	城阳区夏庄街道法海寺外（东栋）	二级古树
53	37021410007	320	15	182	11	城阳区夏庄街道法海寺外（西栋）	二级古树
54	37021510007	320	10	302	11	即墨区龙山街道水蛟村小区内	二级古树
55	37028110003	320	4.5	190	5	胶州市九龙街道同心村	二级古树
56	37028110014	320	13.1	314	9	胶州市铺集镇大屯村	二级古树
57	37028110015	320	8.6	300	8	胶州市里岔镇刘辛庄村	二级古树
58	37028110049	320	10	320	9	胶州市洋河镇房家村	二级古树
59	37028310047	320	8	377	9	平度市南村镇东朱家庄村	二级古树
60	37021210010	310	11	245	6	崂山区北宅街道卧龙社区	二级古树
61	37021510053	310	7.6	292	13	即墨区大信镇桃杭村	二级古树
62	37028110002	310	5.6	230	10	胶州市三里河街道七里河村	二级古树
63	37028110005	310	6.5	230	9	胶州市九龙街道大荒村	二级古树
64	37028110006	310	9.7	340	14	胶州市胶东街道北堤子村	二级古树

青岛市槐古树名录（一、二级保护）

青岛市槐古树名录（一、二级保护）							
序号	挂牌号	估测树龄（年）	树高（米）	胸（地）围（厘米）	平均冠幅（米）	具体生长地点	类别
65	37028110007	310	9.7	297	10	胶州市胶北街道前寨村	二级古树
66	37028110011	310	9.1	260	14	胶州市李哥庄镇大屯一村	二级古树
67	37028110015	310	6.8	295	8	胶州市里岔镇史家屯村	二级古树
68	37028110048	310	7	220	9	胶州市洋河镇战家村	二级古树
69	37021110016	300	8	293	8	西海岸新区王台街道南柳圈村	二级古树
70	37021110031	300	6.5	281	5	西海岸新区大村镇小石岭村	二级古树
71	37021110032	300	7	285	7	西海岸新区六汪镇西官庄村	二级古树
72	37021110033	300	5.5	290	10	西海岸新区六汪镇屯里集村	二级古树
73	37021410011	300	11	336	14	城阳区夏庄街道前古镇村	二级古树
74	37021510005	300	10	265	10	即墨区通济新经济区西元庄村弘泰苑小区内	二级古树
75	37021510009	300	10	261	9	即墨区龙山街道窝洛子村	二级古树
76	37021510051	300	7.5	280	9	即墨区段泊岚镇大吕戈一村	二级古树
77	37021510058	300	8.5	280	8	即墨区北安街道朱家后戈庄村	二级古树
78	37021510060	300	10.5	270	10	即墨区龙山街道石龙庄村	二级古树
79	37028110004	300	8	260	11	胶州市九龙街道西宋家茔村	二级古树
80	37028110013	300	7.3	290	6	胶州市铺集镇后岳村	二级古树
81	37028310001	300	10.2	310	11	平度市李园街道窦家疃村	二级古树
82	37028310002	300	7.1	278	11	平度市李园街道坦埠村	二级古树
83	37028310003	300	10.5	260	11	平度市李园街道东南疃村	二级古树
84	37028310008	300	11	350	13	平度市明村镇明家店子村	二级古树
85	37028310009	300	9.1	377	15	平度市店子镇黄哥庄村	二级古树
86	37028310010	300	8.7	282	16	平度市大泽山镇秦姑庵村	二级古树
87	37028310012	300	13	287	11	平度市仁兆镇大桑园村	二级古树
88	37028310013	300	10.3	285	12	平度市白沙河街道西洼子村村史馆内	二级古树
89	37028310015	300	8.5	332	9	平度市凤台街道曲坊村	二级古树
90	37028310017	300	7	360	7	平度市同和街道李家庄村	二级古树
91	37028310021	300	7.8	280	7	平度市东阁街道炉坊村	二级古树
92	37028310022	300	8.5	277	10	平度市古岘镇姜格庄村	二级古树
93	37028310025	300	15	286	12	平度市李园街道李子园村	二级古树
94	37028310026	300	9	272	14	平度市李园街道李家市村	二级古树
95	37028310027	300	9.6	273	14	平度市云山镇石柱洼村	二级古树
96	37028310028	300	10.2	289	13	平度市明村镇小官寨村	二级古树

续表

序号	挂牌号	估测树龄（年）	树高（米）	胸（地）围（厘米）	平均冠幅（米）	具体生长地点	类别
				青岛市槐古树名录（一、二级保护）			
97	37028310029	300	9	299	7	平度市明村镇小官寨村村委会	二级古树
98	37028310030	300	7.2	276	11	平度市明村镇前黄埠村	二级古树
99	37028310031	300	7.7	289	12	平度市明村镇大岭村	二级古树
100	37028310032	300	9.4	233	12	平度市明村镇后楼村	二级古树
101	37028310033	300	10	244	12	平度市明村镇白里村	二级古树
102	37028310034	300	9.6	245	10	平度市明村镇庄子村	二级古树
103	37028310035	300	8	285	14	平度市田庄镇南坦坡村	二级古树
104	37028310037	300	9.9	254	15	平度市新河镇院后刘村	二级古树
105	37028310038	300	13	248	11	平度市新河镇宿家村	二级古树
106	37028310039	300	7.7	278	10	平度市旧店镇山里石家村	二级古树
107	37028310042	300	6.8	313	9	平度市旧店镇口子村	二级古树
108	37028310046	300	7.3	297	9	平度市李园街道花窝洛子村	二级古树

山茶

Camellia japonica L.

别名耐冬，山茶科山茶属。常绿灌木或小乔木，高可达13米；叶倒卵形至椭圆形，长5～12厘米，宽3～4厘米，叶面光亮，两面无毛；花单生或簇生，近无梗，花径6～8厘米，花色以白色和红色为主；蒴果球形，径2.5～4.5厘米。花期12月～翌年5月，果秋季成熟。

崂山沿海及长门岩、大管岛有野生分布，市区公园绿地普遍栽培，为青岛市花之一。喜半荫、温暖湿润气候，不适合长于酷热及严寒环境；喜肥沃湿润而排水良好的微酸性至酸性土壤，不耐盐碱，忌土壤黏重和积水；对海潮风有一定的抗性。

青岛是我国野生山茶自然分布的最北端。青岛近海的大管岛，岛上分布着几十株耐冬，为山茶的原始种，花单瓣，深红色。长门岩岛是由两个大小不同的岛屿组成的，小岛上耐冬树很少，大岛上却很少有其他杂树，唯有苍郁茂密的山茶群落遍布全岛。据调查，仅长门岩岛上就有山茶古树500多株。

据记载，青岛的耐冬就是由张三丰自长门岩岛上移植到崂山后开始繁衍的。先是崂山各庙院相继繁殖，逐渐形成了一定规模，后来又经蒲松龄《聊斋志异·香玉》而名闻天下。本书收录青岛市一级保护山茶古树1株，二级保护山茶古树41株。长门岩岛山茶不在本次调查统计范围内。

青岛市山茶古树名录（一、二级保护）

序号	挂牌号	估测树龄（年）	树高（米）	胸（地）围（厘米）	平均冠幅（米）	具体生长地点	类别
1	37021500013	600	2.5	136	2	即墨区岙山卫街道大管岛村	一级古树
2	37021510023	490	3.5	66	3	即墨区鳌山卫街道大管岛村东岸	二级古树群
3	37021510024	490	3.5	62	3	即墨区鳌山卫街道大管岛村东岸	二级古树群
4	37021510027	490	3.5	60	3	即墨区鳌山卫街道大管岛村东岸	二级古树群
5	37021510032	490	3.5	58	3	即墨区鳌山卫街道大管岛村东岸	二级古树群
6	37021510033	490	3.5	58	3	即墨区鳌山卫街道大管岛村东岸	二级古树群
7	37021510034	490	3.5	58	3	即墨区鳌山卫街道大管岛村东岸	二级古树群
8	37021510035	490	3.5	58	3	即墨区鳌山卫街道大管岛村东岸	二级古树群
9	37021510036	490	3.5	58	3	即墨区鳌山卫街道大管岛村东岸	二级古树群
10	37021510037	490	3.5	58	3	即墨区鳌山卫街道大管岛村东岸	二级古树群
11	37021510038	490	3.5	58	3	即墨区鳌山卫街道大管岛村东岸	二级古树群
12	37021510045	490	4	184	3	即墨区鳌山卫街道大管岛村西岸	二级古树群
13	37021510046	490	3	175	3	即墨区鳌山卫街道大管岛村西岸	二级古树群
14	37021510016	450	4	135	4	即墨区鳌山卫街道大管岛村东岸	二级古树群
15	37021510017	450	3.2	75	2	即墨区鳌山卫街道大管岛村东岸	二级古树群
16	37021510018	450	3.2	75	2	即墨区鳌山卫街道大管岛村东岸	二级古树群
17	37021510019	450	3.2	75	2	即墨区鳌山卫街道大管岛村东岸	二级古树群
18	37021510020	450	3.2	75	2	即墨区鳌山卫街道大管岛村东岸	二级古树群
19	37021510021	450	3.2	75	2	即墨区鳌山卫街道大管岛村东岸	二级古树群
20	37021510022	450	3.2	75	2	即墨区鳌山卫街道大管岛村东岸	二级古树群
21	37021210041	400	6.2	100	8	崂山林场太清宫三官殿	二级古树
22	37021210042	400	6.3	72	5.5	崂山林场太清宫三官殿	二级古树
23	37021210047	400	11	141	11.5	崂山林场太清宫三皇殿	二级古树
24	37021210050	400	6	94	7	崂山林场明霞洞	二级古树
25	37021210051	400	5	85	6.5	崂山林场明霞洞	二级古树
26	37021510014	400	2	85	2	即墨区鳌山卫街道大管岛村东岸	二级古树群
27	37021510025	400	3.5	32	3	即墨区鳌山卫街道大管岛村东岸	二级古树群
28	37021510026	400	3.5	47	3	即墨区鳌山卫街道大管岛村东岸	二级古树群
29	37021510028	400	3.5	45	3	即墨区鳌山卫街道大管岛村东岸	二级古树群
30	37021510029	400	3.5	45	3	即墨区鳌山卫街道大管岛村东岸	二级古树群
31	37021510030	400	3.5	45	3	即墨区鳌山卫街道大管岛村东岸	二级古树群
32	37021510031	400	3.5	45	3	即墨区鳌山卫街道大管岛村东岸	二级古树群

续表

序号	挂牌号	估测树龄（年）	树高（米）	胸（地）围（厘米）	平均冠幅（米）	具体生长地点	类别
33	37021210039	370	5.3	94	6.5	崂山林场太清宫斋堂	二级古树
34	37021210012	360	6.8	115	4	崂山区沙子口街道砖塔岭社区后沟	二级古树
35	37021510015	350	2	80	2	即墨区鳌山卫街道大管岛村东岸	二级古树群
36	37021510039	350	3	61	3	即墨区鳌山卫街道大管岛村东岸	二级古树群
37	37021510040	350	3	61	3	即墨区鳌山卫街道大管岛村东岸	二级古树群
38	37021510041	350	3	61	3	即墨区鳌山卫街道大管岛村东岸	二级古树群
39	37021510042	350	3	61	3	即墨区鳌山卫街道大管岛村东岸	二级古树群
40	37021510043	350	3	61	3	即墨区鳌山卫街道大管岛村东岸	二级古树群
41	37021510044	350	3	61	3	即墨区鳌山卫街道大管岛村东岸	二级古树群
42	37021210011	310	6	110	13	崂山区沙子口街道段家埠社区	二级古树

青岛市山茶古树名录（一、二级保护）

侧柏

Platycladus orientalis (L.)

别名扁柏、扁松、扁桧、香柏、片松、柏树，柏科侧柏属。常绿乔木或灌木，高可达20米，胸径可达1米；小枝扁平，排成一个平面；叶鳞形，交互对生，长1～3毫米；雌雄同株，球花单生于小枝顶端；雌球花具4对珠鳞，仅中间2对珠鳞可育，各有1～2胚珠；球果卵形，长1.5～2.5厘米，熟后变木质，开裂；种子无翅。花期3～4月，球果9～10月成熟。

喜光，对土壤要求不严。耐瘠薄，并耐轻度盐碱；耐旱力强，忌积水；萌芽力强，耐修剪；生长速度中等偏慢；抗污染。

全市普遍栽培，寿命长，常有百年以上的古树。本书收录青岛市一级保护侧柏古树4株，其中1株名木；二级保护侧柏古树30株，其中含二级侧柏古树群1个，27株。

青岛市侧柏古树名录（一、二级保护）

序号	挂牌号	估测树龄（年）	树高（米）	胸（地）围（厘米）	平均冠幅（米）	具体生长地点	类别
1	37021200019	700	17	242	6	崂山林场太清宫三清殿	一级古树名木
2	37021200022	700	16.2	267	7	崂山林场太清宫三清殿	一级古树
3	37028100004	500	9	236	6	胶州市胶西街道大邹家沟村	一级古树
4	37028100005	500	9	236	6	胶州市胶西街道大邹家沟村	一级古树
5	37028110012	370	6.7	170	6	胶州市铺集镇河北村	二级古树
6	37028110009	350	9	200	6.4	胶州市胶西街道大邹家沟村	二级古树
7	37028310040	350	13	218	10	平度市旧店镇满家村	二级古树
8	37028110019	300	8	120	4	胶州市里岔镇大孟慈村古树公园	二级古树群
9	37028110020	300	8	97	4	胶州市里岔镇大孟慈村古树公园	二级古树群
10	37028110021	300	8	110	4	胶州市里岔镇大孟慈村古树公园	二级古树群
11	37028110022	300	8	100	4	胶州市里岔镇大孟慈村古树公园	二级古树群
12	37028110023	300	8	100	4	胶州市里岔镇大孟慈村古树公园	二级古树群
13	37028110024	300	8	97	4	胶州市里岔镇大孟慈村古树公园	二级古树群
14	37028110025	300	8	98	4	胶州市里岔镇大孟慈村古树公园	二级古树群
15	37028110026	300	8	87	4	胶州市里岔镇大孟慈村古树公园	二级古树群
16	37028110027	300	8	99	4	胶州市里岔镇大孟慈村古树公园	二级古树群
17	37028110028	300	8	93	4	胶州市里岔镇大孟慈村古树公园	二级古树群
18	37028110029	300	8	81	4	胶州市里岔镇大孟慈村古树公园	二级古树群
19	37028110030	300	8	125	4	胶州市里岔镇大孟慈村古树公园	二级古树群
20	37028110031	300	8	85	4	胶州市里岔镇大孟慈村古树公园	二级古树群
21	37028110032	300	8	135	4	胶州市里岔镇大孟慈村古树公园	二级古树群
22	37028110033	300	8	135	4	胶州市里岔镇大孟慈村古树公园	二级古树群
23	37028110034	300	8	120	4	胶州市里岔镇大孟慈村古树公园	二级古树群
24	37028110035	300	8	125	4	胶州市里岔镇大孟慈村古树公园	二级古树群
25	37028110036	300	8	95	4	胶州市里岔镇大孟慈村古树公园	二级古树群
26	37028110037	300	8	117	4	胶州市里岔镇大孟慈村古树公园	二级古树群
27	37028110038	300	8	97	4	胶州市里岔镇大孟慈村古树公园	二级古树群
28	37028110039	300	8	117	4	胶州市里岔镇大孟慈村古树公园	二级古树群
29	37028110040	300	8	100	4	胶州市里岔镇大孟慈村古树公园	二级古树群
30	37028110041	300	8	93	4	胶州市里岔镇大孟慈村古树公园	二级古树群
31	37028110042	300	8.2	117	4	胶州市里岔镇大孟慈村古树公园	二级古树群
32	37028110043	300	8	110	4	胶州市里岔镇大孟慈村古树公园	二级古树群
33	37028110044	300	8.2	121	4	胶州市里岔镇大孟慈村古树公园	二级古树群
34	37028110045	300	8	90	4	胶州市里岔镇大孟慈村古树公园	二级古树群

圆柏

Sabina chinensis (L.)

别名桧柏、桧、刺柏，柏科圆柏属。常绿乔木，高可达20米，胸径可达3.5米；叶二型，刺叶生于幼树上，3叶轮生，老树全为鳞叶，3叶轮生，壮龄树兼有刺叶和鳞叶；多雌雄异株，间有同株者；雄球花椭圆形，黄色；球果近球形，径6～8毫米，熟时暗褐色，被白粉或白粉脱落；种子1～4粒，卵圆形。花期3～4月，球果翌年10～11月成熟。

喜光，喜温凉湿润气候，耐寒且耐热，对土壤要求不严，能生于酸性土、中性土或石灰质土中，对土壤的干旱及潮湿均有一定抗性，耐轻度盐碱。抗污染，阻尘和隔音效果良好。寿命较长。

全市分布广泛，本书收录青岛市一级保护圆柏古树9株，其中名木2株；二级保护圆柏古树6株。

青岛市圆柏古树名录（一、二级保护）							
序号	挂牌号	估测树龄（年）	树高（米）	胸（地）围（厘米）	平均冠幅（米）	具体生长地点	类别
1	37021200014	1500	18	361	10	崂山林场太清宫东侧	一级古树名木
2	37021200021	1500	22	389	13	崂山林场太清宫三皇殿	一级古树名木
3	37021200035	1000	13	320	8	崂山林场太平宫	一级古树
4	37021100003	600	11.8	252	6	西海岸新区宝山镇金沟村	一级古树
5	37021200003	500	16.6	352	9	崂山区王哥庄街道西台社区北茔	一级古树
6	37021200007	500	12.5	383	10	崂山区王哥庄街道姜家社区大柏树茔	一级古树
7	37021200008	500	13.5	346	12	崂山区王哥庄街道姜家社区大柏树茔	一级古树
8	37021500012	500	7	295	12	即墨区温泉街道丁戈庄村四舍山大雁口	一级古树
9	37028100006	500	12.8	279	4	胶州市胶西街道东马戈庄村	一级古树
10	37021110007	410	9	268	8	西海岸新区滨海街道峡沟村	二级古树
11	37028310019	380	7.5	217	9	平度市东阁街道新北台村	二级古树
12	37028310020	380	4	330	10	平度市东阁街道新北台村	二级古树
13	37021510064	360	12	210	6.5	即墨区鳌山卫街道姜家白庙村	二级古树
14	37021210015	350	9.5	248	8	崂山区王哥庄街道西山社区裙子夼	二级古树
15	37021210013	320	9.2	181	7	崂山区王哥庄街道王山口社区东庙子	二级古树

柘树
Maclura tricuspidata Carr.

别名柘刺、柘桑、柘柴、柘棘子，桑科柘属。落叶灌木或小乔木，高可达 10 米；树皮灰褐色，不规则片状剥落；小枝暗绿褐色，光滑无毛或幼时有细毛；枝刺深紫色，长可达 3.5 厘米；叶卵圆形或卵状披针形，长 3 ~ 17 厘米，宽 2 ~ 5 厘米，先端圆钝或渐尖，全缘或 3 裂；雌雄异株，头状花序腋生；雄花序径约 5 毫米，雌花序径 1 ~ 1.5 厘米；聚花果球形、肉质，红色，径约 2.5 厘米。花期 5 ~ 6 月，果期 9 ~ 10 月。

喜光，耐干旱瘠薄，喜钙质土，较耐寒。生长缓慢。

全市各山区及灵山岛的低山、丘陵灌丛中可见。本书收录青岛市一级保护古柘树 4 株，二级保护古柘树 5 株。

青岛市柘树古树名录（一、二级保护）

序号	挂牌号	估测树龄（年）	树高（米）	胸（地）围（厘米）	平均冠幅（米）	具体生长地点	类别
1	37021500001	600	8	200	10	即墨区移风店镇沙埠村	一级古树
2	37021500002	500	7	186	10	即墨区移风店镇沙埠村	一级古树
3	37021500003	500	7	186	10	即墨区移风店镇沙埠村	一级古树
4	37021500004	500	7.1	186	10	即墨区移风店镇沙埠村	一级古树
5	37021510001	480	7	132	10	即墨区移风店镇沙埠村	二级古树
6	37028310024	450	7.2	212	12	平度市崔家集镇北高戈庄村	二级古树
7	37028310016	410	8.2	135	6	平度市同和街道李家庄村	二级古树
8	37021110030	380	11	146	7	西海岸新区大村镇东龙古村	二级古树
9	37021110017	360	5.6	210	8	西海岸新区王台街道韩家寨村	二级古树

酸枣

Ziziphus jujuba Mill. var. *spinosa* (Bge.) Hu ex H. F. Chow

　　别名山枣、棘，鼠李科枣属，是枣（*Ziziphus jujuba* Mill.）的一个变种。落叶灌木或小乔木，高 1～4米；小枝呈"之"字形弯曲，紫褐色；酸枣树上的托叶刺有两种，一种直伸，长达3厘米，另一种常弯曲；叶互生，叶片椭圆形至卵状披针形，长1.5～3.5厘米，宽0.6～1.2厘米，边缘有细锯齿，基部3出脉；花黄绿色，2～3朵簇生于叶腋；核果小，近球形或短矩圆形，熟时红褐色，近球形或长圆形，长0.7～1.2厘米，味酸，核两端钝。花期6～7月，果期8～9月。

　　生长于全市各丘陵山区，生长缓慢。本书收录青岛市一级保护酸枣古树5株，二级保护酸枣古树3株。

枣

Ziziphus jujuba Mill.

　　鼠李科枣属。落叶小乔木，高可达10米；树皮灰褐色，纵裂；小枝红褐色，光滑，有托叶刺，长刺可达3厘米，粗直，短刺下弯，长4～6毫米；叶长圆状卵形至卵状披针形，稀为卵形，长2～6厘米，宽1.5～4厘米；花黄绿色，两性，5基数，单生或密集成腋生聚伞花序，花瓣倒卵圆形；核果卵形至长椭圆形，长2～6厘米，熟时深红色，核锐尖。花期5～6月，果期9～10月。

　　强阳性树种，对气候、土壤适应性强，喜中性或微碱性土壤，耐干旱瘠薄，在中度盐碱土中可生长。根系发达，萌蘖力强。

　　全市普遍栽培。本书收录青岛市二级保护古枣树1株。

序号	挂牌号	树种	估测树龄 （年）	树高 （米）	胸（地）围 （厘米）	平均冠幅 （米）	具体生长地点	类别
	**青岛市枣类古树名录（一、二级保护）**
1	37021300001	酸枣	500	6	99	7	李沧区兴华路街道四流中路兴华苑小区	一级古树
2	37021500005	酸枣	500	9	150	8	即墨区移风店镇赵家村	一级古树
3	37021500006	酸枣	500	9	150	7	即墨区移风店镇赵家村	一级古树
4	37021500010	酸枣	500	7	100	7	即墨区金口镇杨家屯村	一级古树
5	37021500011	酸枣	500	7	100	4	即墨区金口镇杨家屯村	一级古树
6	37028310006	酸枣	490	17	260	22	平度市蓼兰镇韩丘村	二级古树
7	37028510009	酸枣	330	12.2	188	12	莱西市店埠镇张家横岭村	二级古树
8	37028310036	酸枣	310	10.5	202	21	平度市田庄镇柘埠村	二级古树
9	37021110010	枣	350	12	174	5	西海岸新区珠海街道宋家庄村	二级古树

黄杨

Buxus sinica (Rehd.et Wils.) Cheng

　　别名瓜子黄杨，黄杨科黄杨属。常绿灌木或小乔木，高可达 7 米；树皮灰色，鳞片状剥落；枝有纵棱，小枝四棱形；小枝、冬芽和叶背面有短柔毛；叶厚革质，倒卵形、倒卵状椭圆形至倒卵状披针形，中部或中部以上最宽，长 1.5 ~ 3.5 厘米，宽 0.8 ~ 2 厘米；花序头状，腋生，花密集，雄花约 10 朵，退化雌蕊有棒状柄，高约 2 毫米；蒴果近球形，长 6 ~ 8 毫米。花期 4 月，果期 6 ~ 7 月。

　　喜半荫，喜温暖气候和肥沃湿润的中性至微酸性土壤，也较耐碱，在石灰性土壤中能生长。生长缓慢，耐修剪；抗烟尘，对多种有害气体抗性强；木材坚硬，鲜黄色，适于做木梳、乐器、图章及工艺美术品等。

　　本书收录青岛市一级保护黄杨古树 7 株，其中名木 1 株。

	青岛市黄杨古树名录（一、二级保护）						
序号	挂牌号	估测树龄（年）	树高（米）	胸（地）围（厘米）	平均冠幅（米）	具体生长地点	类别
1	37021200017	800	8	138	4	崂山林场太清宫逢仙桥	一级古树名木
2	37021200028	700	7	129	5	崂山林场明霞洞	一级古树
3	37021200029	700	8	116	8	崂山林场明霞洞	一级古树
4	37021200032	700	8	135	8	崂山林场明霞洞	一级古树
5	37021200033	700	7	126	7	崂山林场明霞洞	一级古树
6	37021100018	500	5	100	6	西海岸新区灵山岛毛家沟村	一级古树
7	37021200030	500	6	100	7	崂山林场明霞洞	一级古树

黄连木
Pistacia chinensis Bge.

别名楷木，漆树科黄连木属。落叶乔木，高可达25米，胸径可达1米；树冠近圆球形；树皮鳞片状剥落；枝叶有特殊气味；有偶数羽状复叶，互生，小叶10～14，小叶片披针形或卵状披针形，长5～8厘米，宽1～2厘米，先端渐尖，基部偏斜；花单性异株，圆锥花序，雄花序淡绿色，长5～8厘米，花密生；雌花序紫红色，长15～20厘米，疏松；核果球形，略扁，径约5毫米，熟时红色至蓝紫色。花期3～4月，果期9～11月。

喜光，幼树稍耐荫，对土壤要求不严，尤喜肥沃湿润而排水良好的石灰性土。耐干旱瘠薄，不耐水湿；萌芽力强。

本书收录青岛市一级保护黄连木古树1株，二级保护黄连木古树6株。

青岛市黄连木古树名录（一、二级保护）							
序号	挂牌号	估测树龄（年）	树高（米）	胸（地）围（厘米）	平均冠幅（米）	具体生长地点	类别
1	37028300006	500	21	570	23	平度市旧店镇九里乔村	一级古树
2	37021210026	400	23	317	18	崂山林场太清广场	二级古树
3	37021210023	300	9.3	239	9	崂山林场太清广场	二级古树
4	37021210024	300	11	261	10	崂山林场太清广场	二级古树
5	37021210038	300	19.6	270	13	崂山林场太清宫元君阁	二级古树
6	37021210053	300	12	188	12.5	崂山林场太清广场	二级古树
7	37021210054	300	8.5	173	8.5	崂山林场太清广场	二级古树

朴树
Celtis sinensis Pers.

榆科朴属。落叶乔木，高可达 20 米，径可达 1 米；树皮灰色，平滑；叶宽卵形、椭圆状卵形，长 3～10 厘米，宽 1.5～5 厘米，基部偏斜，中部以上有粗钝锯齿；沿叶脉及脉腋疏生毛；花杂性同株，雄花和两性花均生于新枝叶腋，淡黄绿色；核果圆球形，橙红色，径 4～6 毫米，果柄与叶柄近等长。花期 4 月，果期 9～10 月。

弱阳性，较耐荫，喜温暖气候和肥沃、湿润、深厚的中性土，既耐旱又耐湿，并耐轻度盐碱。抗污染；寿命长。树形优美，绿荫浓郁。

本书收录青岛市一级保护朴树古树 3 株，二级保护朴树古树 3 株。

序号	挂牌号	估测树龄（年）	树高（米）	胸（地）围（厘米）	平均冠幅（米）	具体生长地点	类别
				青岛市朴树古树名录（一、二级保护）			
1	37021200012	700	7	424	4	崂山林场太清广场	一级古树
2	37021100017	600	12.6	390	20	西海岸新区灵山岛沙嘴子村	一级古树
3	37021100016	500	18	350	19	西海岸新区灵山岛李家村	一级古树
4	37028310023	350	18	530	21	平度市崔家集镇杜家村	二级古树
5	37021210009	340	17	382	13	崂山区王哥庄街道王哥庄社区	二级古树
6	37021210027	300	10	232	11	崂山林场太清广场	二级古树

小叶朴
Celtis bungeana Bl.

别名黑弹树,榆科朴属。落叶乔木,高可达23米;树皮淡灰色,光滑;小枝无毛,幼时萌枝密披毛;叶狭卵形至卵状椭圆形、卵形,长3～7厘米,宽2～4厘米,先端长渐尖,锯齿浅钝或近全缘;两面无毛或仅幼树及萌枝之叶背面沿脉有毛;核果近球形,熟时蓝黑色,径5～7毫米;果柄长为叶柄长之2～3倍,细软,无毛。花期4～5月,果期9～11月。

喜光,稍耐荫,喜深厚湿润的中性黏土。耐寒;深根性,萌蘖力强;抗有毒气体,对烟尘污染抗性强。生长慢,寿命长。

本书收录青岛市二级保护小叶朴古树5株。

青岛市小叶朴古树名录（一、二级保护）						
序号	挂牌号	估测树龄（年）	树高（米）	胸（地）围（厘米）	平均冠幅（米）	具体生长地点	类别
1	37028510010	490	17.1	380	19	莱西市店埠镇王家横岭村	二级古树
2	37021510047	370	13.1	428	15	即墨区移风店镇黄戈庄村	二级古树
3	37021510056	330	11.1	228	7	即墨区北安街道周集村	二级古树
4	37021510057	330	15	200	15	即墨区北安街道周集村	二级古树
5	37021510049	300	10.7	190	13	即墨区移风店镇黄戈庄村	二级古树

赤松
Pinus densiflora Sieb.et Zucc.

　　别名红松，松科松属。常绿乔木，高可达30米，胸径可达1.5米；大枝平展，树冠圆锥形或扁平伞形；树皮橙红色，呈不规则薄片剥落；1年生枝橙黄色，略有白粉，无毛；针叶细柔，2针一束，长8～12厘米，径约1毫米，有细锯齿，树脂道4～6（9）个，边生；球果卵状圆锥形，长3～5.5厘米，径2.5～4厘米，有短柄。花期4月，球果翌年9～10月成熟。

　　强阳性树，对土壤要求不严，但喜生于微酸性至中性土中。不耐盐碱，耐干旱瘠薄，忌水涝；深根性树种，抗风力强。生长速度较快。

　　青岛乡土树种，广泛分布于崂山、大珠山、小珠山、大泽山、浮山等。本书收录青岛市二级保护赤松古树3株。

青岛市赤松古树名录（一、二级保护）							
序号	挂牌号	估测树龄（年）	树高（米）	胸（地）围（厘米）	平均冠幅（米）	具体生长地点	类别
1	37021410009	340	6	220	13	城阳区夏庄街道上岽峪社区崔家涧	二级古树
2	37021210065	300	10	255	13.5	崂山林场太平宫	二级古树
3	37021210066	300	9	300	8	崂山林场太平宫	二级古树

紫薇

Lagerstroemia indica L.

别名百日红、痒痒树，千屈菜科紫薇属。落叶乔木或灌木，高可达 7 米，枝干多扭曲；树皮淡褐色，薄片状剥落后树干特别光滑；小枝 4 棱，近无毛；单叶对生，叶椭圆形至倒卵形，长 3 ~ 7 厘米，宽 1.5 ~ 4 厘米，先端尖或钝，基部广楔形或圆形；圆锥花序顶生，长 9 ~ 18 厘米；花蓝紫色至红色，径 3 ~ 4 厘米，花萼、花瓣均为 6 枚，雄蕊多数，外轮 6 枚特长；果椭圆状球形，6 裂。花期 6 ~ 9 月，果期 10 ~ 11 月。

喜光，稍耐荫。喜温暖气候；喜肥沃湿润而排水良好的石灰性土壤，在中性至微酸性土壤中也可生长。耐干旱，忌水涝；萌蘖性强。生长较慢。

全市普遍栽培。本书收录青岛市一级保护紫薇古树 1 株，二级保护紫薇古树 1 株。

青岛市紫薇古树名录（一、二级保护）							
序号	挂牌号	估测树龄（年）	树高（米）	胸（地）围（厘米）	平均冠幅（米）	具体生长地点	类别
1	37021200031	600	7	100	7	崂山林场明霞洞	一级古树
2	37021210008	320	6.2	110	10	崂山区沙子口街道枯枯岛社区潮海院	二级古树

糙叶树

Aphananthe aspera (Thunb.) Planch.

别名沙朴、白鸡油，榆科糙叶树属。落叶乔木，高可达 25 米；小枝被平伏硬毛；叶卵形或椭圆状卵形，长 4 ~ 14.5 厘米，宽 1.8 ~ 4 厘米，基脉 3 出，侧脉 6 ~ 10 对，伸达齿尖，两面有平伏硬毛；花单性同株；雄花序生于新枝基部叶腋，雌花单生新枝上部叶腋；花萼 5（4）裂；雄蕊 5（4）；核果近球形，径 8 ~ 13 毫米，黑色。花期 4 ~ 5 月，果期 10 月。

喜光，略耐荫。喜温暖湿润气候，不耐严寒，适生于深厚肥沃土壤中。

本书收录青岛市一级保护糙叶树古树名木 1 株。

青岛市糙叶树古树名录（一、二级保护）						
序号	挂牌号	估测树龄（年）	树高（米）	胸（地）围（厘米）	平均冠幅（米）	具体生长地点	类别
1	37021200018	1100	20	421	28	崂山林场太清宫逢仙桥	一级古树名木

元宝槭

Acer truncatum Bge.

　　别名平基槭，槭树科槭属。落叶乔木，高可达 12 米；树冠伞形或近球形；叶宽矩圆形，长 5 ～ 10 厘米，宽 6 ～ 15 厘米，掌状 5 ～ 7 裂；裂片三角形，全缘，掌状脉 5 条出自基部，叶基常截形；伞房花序顶生；萼片黄绿色，花瓣黄白色；果熟时淡黄色或带褐色，连翅在内长 2.5 厘米，果柄长 2 厘米，两果翅开张成直角或钝角，翅长等于或略长于果核。花期 4 ～ 5 月，果期 8 ～ 10 月。

　　弱阳性，喜温凉气候和肥沃、湿润而排水良好的土壤。不耐涝；萌蘖力强；深根性，抗风；耐烟尘和有毒气体。

　　全市普遍栽培。本书收录青岛市二级保护元宝槭古树 1 株。

青岛市元宝槭古树名录（一、二级保护）						
序号	挂牌号	估测树龄（年）	树高（米）	胸（地）围（厘米）	平均冠幅（米）	具体生长地点	类别
1	37021210014	350	18	346	17	崂山区北宅街道晖流社区神清宫	二级古树

山楂

Crataegus pinnatifida Bge.

　　别名酸楂，蔷薇科山楂属。落叶小乔木，高可达7米；有短枝刺；叶片宽卵形至三角状卵形，长5～10厘米，宽4.5～7.5厘米，两侧各有3～5羽状浅裂或深裂，有不规则尖锐重锯齿；托叶半圆形或镰刀形；伞房花序直径4～6厘米，花径约1.8厘米；果近球形，红色或橙红色，径1～1.5厘米，表面有白色或绿褐色皮孔点。花期4～6月，果期9～10月。

　　生于海拔800米以下山坡林边或灌木丛中。适应性强；耐干旱瘠薄；萌芽力、萌蘖力强，根系发达；抗污染。

　　全市常见栽培。本书收录青岛市二级保护山楂古树1株。

青岛市山楂古树名录（一、二级保护）							
序号	挂牌号	估测树龄（年）	树高（米）	胸（地）围（厘米）	平均冠幅（米）	具体生长地点	类别
1	37021110009	350	6.5	227	10	西海岸新区铁山街道墨城庵村	二级古树

牡丹

Paeonia suffruticosa Andr.

别名木芍药、洛阳花，芍药科芍药属。落叶小灌木，高可达 2
米；肉质根肥大；二回三出复叶，小叶卵形至长卵形，长 4.5 ~ 8
厘米，宽 2.5 ~ 7 厘米，顶生小叶 3 裂，裂片又 2 ~ 3 裂，侧生
小叶 2 ~ 3 裂或全缘；花单生枝顶，径 10 ~ 30 厘米，单瓣或重
瓣，花色丰富；苞片及花萼各 5；花盘紫红色，革质，全包心皮，
心皮 5；蓇葖果长圆形，密生黄褐色硬毛。花期 4 ~ 5 月，果期
8 ~ 9 月。

喜光，稍耐荫；喜温凉气候，较耐寒，畏炎热，忌夏季曝晒；
喜深厚肥沃而排水良好之砂质壤土。根系发达，肉质肥大；生长
缓慢。

全市普遍栽培。本书收录青岛市二级保护牡丹古树 1 株。

青岛市牡丹古树名录（一、二级保护）						
序号	挂牌号	估测树龄（年）	树高（米）	胸（地）围（厘米）	平均冠幅（米）	具体生长地点	类别
1	37021510055	310	1.2	丛生	2	即墨区北安街道长直院村	二级古树

雪柳
Fontanesia fortunei Carr.

　　别名五谷树，木犀科雪柳属。落叶灌木或小乔木，高可达8米；单叶对生，披针形或卵状披针形，长3～10厘米，宽1～2.5厘米；圆锥花序顶生或腋生，花白色或绿白色；雄蕊2枚；翅果扁平，倒卵形，长6～8毫米，宽4～5毫米，环生窄翅。花期4～6月，果期8～10月。

　　喜光，稍耐荫；喜温暖，也耐寒，对土壤要求不严；耐旱；萌芽力强；生长快。

　　本书收录青岛市二级保护雪柳古树1株。

青岛市雪柳古树名录（一、二级保护）						
序号	挂牌号	估测树龄（年）	树高（米）	胸（地）围（厘米）	平均冠幅（米）	具体生长地点	类别
1	37028310041	300	7.3	219	10	平度市旧店镇前涧村	二级古树

栓皮栎
Quercus variabilis Bl.

　　别名软木栎、粗皮青冈，壳斗科栎属。落叶乔木，高可达 30 米；与麻栎近似，但树皮的木栓层特别发达，富有弹性；叶片卵状披针形或长椭圆形，背面有灰白色星状毛，老时也不脱落；叶缘具有刺芒状锯齿；壳斗包围坚果的 2/3，果近球形或宽卵形，高、径约 1.5 厘米，顶端平圆，果脐突起。花期 3 ~ 4 月，果期翌年 9 ~ 10 月。

　　喜光，耐寒，耐干旱瘠薄，不耐积水；深根性、萌芽力强，不耐移植；抗污染、抗风，耐火力强。栓皮栎是重要的山地风景林树种和特用经济树种。

　　本书收录青岛市二级保护栓皮栎古树 1 株。

青岛市栓皮栎古树名录（一、二级保护）							
序号	挂牌号	估测树龄（年）	树高（米）	胸（地）围（厘米）	平均冠幅（米）	具体生长地点	类别
1	37021210059	300	18.5	340	18	崂山林场华严寺三圣殿	二级古树

石榴

Punica granatum L.

　　别名安石榴，石榴科石榴属。落叶乔木，高可达 10 米，或呈灌木状；幼枝四棱形，顶端多为刺状；有短枝；单叶，全缘、对生或近对生，或在侧生短枝上簇生；叶倒卵状长椭圆形或椭圆形，长 2 ~ 9 厘米，宽 1 ~ 3 厘米，无毛；花单生或簇生，萼钟形，红色或黄白色，肉质；花瓣红色、白色或黄色；果近球形，径 6 ~ 8 厘米或更大，红色或深黄色。花期 5 ~ 6 月，果期 9 ~ 10 月。

　　喜光，喜温暖气候，可耐 –20℃左右的低温；喜深厚肥沃、湿润而排水良好的石灰质土壤；耐旱。

　　全市普遍栽培，多见于庭院或果园。本书收录青岛市二级保护石榴古树 1 株。

青岛市石榴古树名录（一、二级保护）							
序号	挂牌号	估测树龄（年）	树高（米）	胸（地）围（厘米）	平均冠幅（米）	具体生长地点	类别
1	37021510063	300	5	150	3	即墨区田横镇山口村	二级古树

流苏树

Chionanthus retusus Lindl. et Paxt.

别名牛筋子、茶叶树、四月雪,木犀科流苏树属。落叶乔木,高可达 20 米;枝皮常卷裂;单叶对生,卵形、椭圆形至倒卵状椭圆形,长 4 ~ 12 厘米,宽 2.5 ~ 6.5 厘米,先端钝或微凹,全缘或有锯齿;圆锥花序顶生,长 6 ~ 12 厘米;花白色,花冠 4 深裂,裂片条状倒披针形,长 1.5 ~ 2.5 厘米;雄蕊 2 枚;核果椭圆形,长 1 ~ 1.5 厘米,蓝黑色。花期 4 ~ 5 月,果期 9 ~ 10 月。

适应性强。喜光,耐寒;喜深厚和湿润土壤,也甚耐干旱瘠薄,不耐水涝。

本书收录青岛市二级保护流苏树古树 1 株。

青岛市流苏树古树名录（一、二级保护）							
序号	挂牌号	估测树龄（年）	树高（米）	胸（地）围（厘米）	平均冠幅（米）	具体生长地点	类别
1	37021210025	300	11	264	11	崂山林场太清茶楼前	二级古树

千年

板栗
Castanea mollissima Bl.

　　别名栗、毛栗，壳斗科栗属。落叶乔木，高可达20米；树冠扁球形；叶矩圆状椭圆形至卵状披针形，长8～18厘米，宽稀达7厘米，基部圆或宽楔形，叶缘有芒状齿，上面亮绿色，下面被灰白色星状短柔毛；花序直立，多数雄花生于上部，数朵雌花生于基部；壳斗球形，密被长针刺，直径6～9厘米，内含1～3个坚果。花期4～6月，果期9～10月。

　　喜光，耐低温；耐旱，喜空气干燥；对土壤要求不严；深根性；根系发达，萌蘖力强。

　　全市各地均有栽培。本书收录青岛市二级保护板栗古树1株。

青岛市板栗古树名录（一、二级保护）						
序号	挂牌号	估测树龄（年）	树高（米）	胸（地）围（厘米）	平均冠幅（米）	具体生长地点	类别
1	37028310011	300	6.1	332	7	平度市国有大泽山林场	二级古树

地域篇

青岛市一、二级古树名木主要分布在除市南区、市北区、李沧区以外的其他四区三市，由于青岛城市的建设历史只有百年，所以市内三区 300 年以上的古树并不多，只有 7 株。其中市南区 1 株，市北区 2 株，李沧区 4 株。

市区内最年长的古树是李沧区竹子庵公园的一株银杏，树龄约 1600 年，这也是市区内唯一一株千年以上的古树。除此以外，一级古树还有市北区海云庵的一株银杏，树龄约 500 年；李沧区兴华苑小区内的一株酸枣，树龄 500 多年。

四区三市中，古树最多的是崂山区（含崂山林场），一共 102 株，其中一级古树 36 株，二级古树 66 株。千年以上的古树 9 株，其中崂山林场 7 株。

即墨区古树 79 株（含大管岛山茶古树群 34 株），其中一级古树 13 株，二级古树 66 株。

胶州市古树 57 株（含里岔镇侧柏古树群 27 株），其中一级古树 6 株，二级古树 51 株。千年以上古树 3 株，均为银杏。

平度市古树 55 株，其中一级古树 8 株，二级古树 47 株。千年以上古树 1 株，为银杏，估测树龄 2000 年，这也是青岛市估测树龄最高的古树。

西海岸新区古树 53 株，其中一级古树 18 株，二级古树 35 株。

城阳区古树 12 株，其中一级古树 1 株，二级古树 11 株。千年以上古树 1 株，为银杏。

莱西市古树 12 株，其中一级古树 1 株，二级古树 11 株。

青岛市名木共有 5 株，分别是圆柏 2 株，黄杨、糙叶树、侧柏各 1 株，全部位于崂山太清宫内。

从现场调查看，崂山区（含崂山林场）的古树总体生长状态较好，其他区市的古树都存在不同程度的树势衰弱和部分枝干死亡的情况，有的古树由于生长位置的局限不能得到有效复壮养护。

青岛市区

青岛市区一、二级保护古树名录								
序号	挂牌号	树种	估测树龄（年）	树高（米）	胸（地）围（厘米）	平均冠幅（米）	具体生长地点	类别
1	37020210001	银杏	300	20	322	13	市南区香港中路街道徐州路 1 号	二级古树
2	37020300001	银杏	500	17.2	414	14	市北区兴隆路街道海云庵	一级古树
3	37020310001	银杏	370	25.5	408	15	市北区辽源路街道福州北路观音寺	二级古树
4	37021300001	酸枣	500	6	99	7	李沧区兴华路街道四流中路兴华苑小区	一级古树
5	37021300002	银杏	1600	35	447	23	李沧区世园街道竹子庵公园	一级古树
6	37021310001	银杏	300	18	330	13	李沧区浮山路街道九水东路与银液泉路交叉口	二级古树
7	37021310002	银杏	300	18	310	12	李沧区浮山路街道九水东路与银液泉路交叉口	二级古树

市南区浮山所银杏，树龄300年

　　青岛浮山所，旧时全称为浮山备御千户所。明初建庙时在庙北两侧各种一株银杏树（玉皇庙和关帝庙内亦种有银杏树），其中一株已在清代死去。南阁庙殿的神像毁于1954年，之后庙殿及台基逐渐坍塌，在1977年疏通十字大街、铺柏油路面时被清除。如今存活下来的这株银杏树已被浮山所人圈围保护起来，并在树下立起"浮山所"碑志。

市北区海云庵银杏，树龄 500 年

　　海云庵，又名大士庵、三忠祠，位于市北区海云街 1 号，历史上被尊为四方大庙，是青岛市区最早的古代道教庙宇建筑，为道教全真派宫观。据海云庵碑刻记载，海云庵始建于明成化元年（1465年）。

　　相传原四方村建成后，因紧临海岸，当地居民多以捕鱼、晒盐为主，辅以农耕。一天夜里，四方村里的几位老人，同时梦到南海观音要来四方挽救苍生，观音大士口吐金莲："因与此地有缘，特赐此神木修建庙宇一座，大海岸边那棵已有数百年之久的白果树，已具足灵气，自愿做我庙宇护法。"第二天一早他们来到海边，果见海上漂浮着巨木，四周祥气升腾，木杈中有一观音像，众村民齐心协力，将巨木打捞上岸。村民根据长者们所梦所见，就于海岸边那棵白果树处，解巨木建神庙。巨木用尽，神庙恰好建成，福祉天成，众人皆喜。按古代楹联"海是龙世界，云为鹤家乡"的意思，取名为"海云庵"。

青岛观音寺，位于市北区错埠岭东南的小山坡上，始建于唐贞观年间（627—649年），系山东省佛教古刹，汉传佛教著名丛林。观音寺史称黄德庵、于姑庵。

相传唐太宗李世民为天下太平，大唐江山稳固，派人将皇、儒两柱设在内宫，将佛柱设在五台山，将道柱设在崂山，几经波折终于沿崂山山脉在错埠岭东南方向（即观音寺）找到了华夏之天眼。太宗大悦，遂降圣旨，选择黄道吉日在此盖庙并御赐寺名——黄德庵。历史上的黄德庵香火很旺，前来参拜的信士络绎不绝。后因五昌禁佛而逐渐衰落。至明成化年间（1465—1487年），黄德庵重修并改名为于姑庵。

现观音寺内有古银杏两株，生长旺盛，传说为明朝初期重修于姑庵时栽植。传说之一是明成化年间，当地一于姓女子为抗婚而出家，遇仙成道，被尊奉为"仙姑"，故重修黄德庵，将其改为道庵，取名"于姑庵"。仙姑见庵内无树，信手一拈，便将道兄华盖真人刘若拙道场崂山太平宫门前的两株银杏树移入庵内，封为侍仙童子，雌雄相伴，取意金童玉女。

现于姑庵已更名为观音寺。两株银杏古树长势良好。2022年，青岛市园林和林业局利用科学手段对这两株银杏做了树龄测定，经测定两株古树的树龄分别约为370年和280年。

市北区观音寺银杏，树龄370年

李沧区兴华苑小区酸枣，树龄 500 年

兴华苑小区是营子村旧村改造项目，营子村曾是青岛市最为古老的村庄之一，坐落在青岛市李沧区。

明永乐二十年（1422年），江苏仪征的侯通"奉旨修百户城池于楼山前，镇守海口，即今之侯家营子是也"。《莱州府志》记载："楼山城寨，土筑，即墨县南四十里，里仁乡南曲社，周二里，高二丈，阔一丈"，这个百户城池就是营子村的前身。那黄土夯成的城墙残垣，有一段直到2001年才在旧城改造中被铲平。残墙上生长着一棵胸径30多厘米的酸枣树，枝干虬曲苍劲，灰黑皲裂的树皮缠满了岁月的皱纹，村里人视其为至宝。旧村改造时，村民们联合起来要求保留老树，后来经调查，证明其确为古树，于是保存了下来。如今这株酸枣古树不幸感染了枣疯病，长势日趋衰弱，命运堪忧。

2022年，青岛市园林和林业局利用科学手段对这株酸枣做了树龄测定，经测定这株酸枣树龄达500多年，为一级古树。

竹子庵，又称玄阳观，位于青岛市李沧区戴家村北山的山腰中，为崂山"九宫八观七十二庵"之一。

竹子庵是道教建筑，依山而建，因其初建时为就地采石垒砌的石头建筑，状如古时铃铛，故民间又称其为"铃铛石屋"，清乾隆年间重修，有石刻为记。"文化大革命"期间，道观及石塔均被毁。现道观为 2005 年重新修葺。原址留存银杏树一株，树龄 1600 年。

李沧区竹子庵银杏，树龄 1600 年

在张村幼儿园的院内矗立着一株有着500多年历史的高大银杏树，这株参天古树与崂山道教有着非常深的渊源。古树南侧有一古刹，名为常在庵，现在为区级文物保护单位。常在庵是太清宫的脚庙，据说是退官隐士张常在于明天启年间（1621—1627年）所建，康熙年间重修，为崂山"九宫八观七十二庵"之一。

张常在当年云游至此，见此树苍翠挺拔，充满生机，于是在此树之前建立了常在庵。

民国初年，常在庵道士与张村村民为争夺此地所有权，将争议诉至当时的李村县衙，时任青岛市市长的沈鸿烈判决此地为常在庵所有。当时，张村小学校舍低矮狭小，且年久失修。借助沈鸿烈提倡乡村教育之机，常在庵庙主通过捐助的方式解决了建校的资金问题，就有了后来的张村小学。1934年新校落成，这也成为沈鸿烈主政青岛时期的崂山现存唯一一所留有碑记的民国时期小学。2008年，张村小学撤并入张村河小学后，院子荒废，银杏古树也日渐凋零，次年新叶不发，呈现枯死迹象，甚为可惜。后张村幼儿园搬入，古树竟焕发生机、树叶繁茂，到了秋天，金黄色的树叶洒满校园。2015年6月23日，张村小学旧址被山东省人民政府公布为山东省第五批省级文物保护单位。

2022年，青岛市园林和林业局对这株银杏古树进行了体检，发现树周土壤硬化板结，树干腐朽中空，病虫害较多，严重影响古树的健康生长，于是2023年对该树进行了科学养护复壮。希望这株参天古树能够恢复往日的辉煌。

张村幼儿园银杏，树龄500年

潮海院银杏（两株），树龄 500 年、420 年

潮海院，又名石佛寺，相传该寺创建于南北朝初期（又有资料记载为唐代或宋代修建）。明万历年间曾重修。据传东晋义熙八年（412 年），到印度等地求经的高僧法显泛海返国，因遭遇海上飓风，漂泊到不其县崂山南岸栲栳岛一带登陆。当时不其县为长广郡的郡治，笃信佛教的太守李嶷听说法显是到西方取经的名僧，便将法显接到不其城内，讲经说法，并在其登岸之处创建了石佛寺（即潮海院）。从此，佛教在崂山声名大振，广为传播。

石佛寺正殿奉释迦牟尼，后塑十八罗汉，香火颇盛，至清代末年，该寺与华严寺、法海寺并称为崂山三大寺院。现寺已无存，仅遗古树数株。其中有两株古老的银杏，传说是法显亲手所种，这一说法虽然没有被确切地证实，但这里历朝历代，都

没有改变格局，一直作为纪念法显的场所，传承着他的那份决心和毅力。

潮海院紫薇，树龄 320 年

近代有学者提出法显的崂山登陆处有可能是在王哥庄街道小蓬莱处，依据是《佛国记》中"即乘小船入浦，觅人欲问其处"的记载。无论高僧法显的崂山登陆处在哪里，他都把追求真谛、勇于探索的精神留在了崂山。

潮海院内一、二级保护的古树共有三株，两株银杏，一株紫薇。

据载，西台社区最早居住的是蒋氏和辛氏，后因人丁不旺而绝迹。后来，李氏祖"士信"于明朝永乐初年，由青郡枣行社区迁至即墨县城东三十里之吞角石社区，其七世祖中一支于明万历二年（1574年）迁此土台上立村并在此设立茔地。

立村时这株前人栽植的圆柏已经百年有余。随着时间的推移，这株圆柏古树历经风雨，枝干盘曲苍虬、树冠郁郁葱葱。

王哥庄西台村北茔圆柏，树龄500年

王哥庄东台村槐树沟国槐，树龄 1000 年

江北第一槐

"崂山脚下一古槐，神话传说留下来。都说它是神仙树，从古至今保东台。"位于崂山区王哥庄街道东台社区的这株古槐，素有"江北第一槐"之美誉。

该古槐树高21米，冠幅23米，冠呈伞状，基干分裂四枝，四枝合围近十米。虽中空体裂，但得水土之力，仍生机勃发，古朴苍劲，枝繁叶茂，华盖擎天，在青岛古树中堪称一绝。每当大雨倾盆之时，树冠周围形成水帘，隔帘远眺，可见浓云翻滚，天地空蒙，而树下却是水汽氤氲、袅袅蒸腾，妙趣天成。

据传，当初观音菩萨的童子"龙女"在给她拿槐米制药时，一不小心掉落人间一颗种子，正好落在了现在的东台村，于是此地生长出许许多多的槐树，因此此地古称槐树沟，后经岁月变迁，其他槐树都没有了，只剩下这株历经沧桑的古槐。

1914年9月18日，日本第一次侵略青岛，从仰口湾登陆，杀气腾腾向东台村扑来，结果在塔儿山附近，见前面一片乌云和山笼罩，甚是怪异，就避开了东台村。1937年腊月初八，日军轰炸机飞临东台上空，受古槐护佑，敌机竟偏离至北三公里投下炸弹，东台村全村安然无恙。1948年，国民党32军的一支部队割掉古槐的东南枝作战争物资使用，结果莲花山一战，这支部队全军覆没。

另传，有一大户人家砍了古槐的枝子做马槽，结果他家的马全部死光，且家中不宁，后来他到古槐下还了愿，从此家中才得以平安。还有一家拾古槐的枝子当柴火烧，结果全家染病，久治不愈……关于这株古槐显灵，守护村民的传说数不胜数。

关于这株古槐的真实树龄，有植于唐朝和北宋年间两说。一说：植于唐代，有对联"昔为唐朝槐，今做树中王"，横批"天下第一古槐"。另一说为北宋年间所植：一百多年前的清末年间，东台村江崇峨老人住在村东菜园屋，有一晚梦见一位白发老人与他闲聊，说他是村东大槐树姓槐名庆德，生于1032年……醒来不见白发老人踪影。后来同样的梦江崇峨老人又做了两次，这件惊异的事就在村里传开了，大家纷纷把古槐尊为"树神"，逢年过节，烧香焚纸以求庇佑。有联曰："昔日北宋树，今做槐中王"，横批"槐树大王"。《崂山古今谈》亦有诗赞曰：

东台村古槐

四人围大小村前，如此古槐见亦鲜。
过客悠悠同一梦，南柯历历已千年。
只应宋代王家植，曾结淳于太守缘。
唯有上宫老银杏，相逢序齿可齐肩。

王哥庄囤山村银杏，树龄 1000 年

位于王哥庄囤山前社区的这株古银杏长势旺盛，据传树龄 1000 余年。古树基部分为三大主枝，主枝粗壮，一侧枝穿墙而过，墙外开花结果。

北宅大崂村银杏，树龄 800 年

大崂村，始建于北宋开宝年间（968—976 年），王氏始祖仁、义、礼三兄弟由即墨携带眷属来大劳（崂）山里，临水立村创业，因地盘较大，人口较多，又处在崂山深处，故取名大崂村。

相传，曾有一对凤凰飞到崂山，在埠落（现北宅街道埠落村）上空盘旋了多时，几次想降落，终因不如意，没有落下来。后又飞到大崂村上空，见南北两列青山间有一开阔平地，清澈的白沙河水自东向西流过，觉得是一块风水宝地，于是就落了下来。因此，大崂村又称"大落村"。

《大崂村志》记载，大崂立村后，在村北建一道观玄帝庙以镇之，并植有银杏树，未记其年。

清康熙三十一年（1692年），姜氏祖友彦、友礼、友正、友刚四兄弟分别从崂山的青山、南厫宅科、桑园迁到此地建立村庄，取名"龙头庄"，建村时两株圆柏长势旺盛，树冠都成伞状，据传已有150多年。

两树立于田间地头，枝繁叶茂，树形如同平地支起两把巨伞，现已成为姜家村的标志。

王哥庄姜家村大柏树茔圆柏（两株），树龄500年

荒草庵，位于浮山的西南麓，建于明代，因位于山野荒草之中而得名，后因黄作孚在此隐居，又名黄草庵，为崂山"九宫八观七十二庵"之一。荒草庵初始规模很小，后由道士高知礼在浙江不断募化，增加殿宇，规模不断扩大，至清朝末年，已成规模。

曾经荒草庵旁山环水绕，石桥镜湖，鸟鹊聚集，环境幽雅宜人。庵院前后有无数喷涌的大小泉眼，大而为井者名"神水泉"，远近求水者络绎不绝。"文化大革命"时期，荒草庵受到了致命打击，导致年久失修，残破不堪。

庵内两大一小三株银杏树，枝叶交通，恣意生长。2021年，青岛市园林和林业局组织专家对庵内古树进行了复壮养护，经过两年的生长对比，复壮后的古树更加枝叶繁茂，长势强劲。2022年，经科学树龄测定，三株银杏古树中一株树龄370年，为二级古树；其余两株树龄分别约为200年和250年，为三级古树。

荒草庵银杏，树龄370年

大士寺银杏（两株），树龄 370 年、320 年

大士寺，位于崂山区沙子口街道石湾社区西山，又名大石寺、大士庵、石湾庙、石院庙。据史料记载，大士寺建于明正德至嘉靖年间，依山势而建。该寺曾建有大殿 3 间，内祀大慈大悲的观音菩萨。主殿面阔 3 间，进深 1 间，前出廊，硬山式屋顶，屋面覆灰色筒瓦，东西两侧建有配殿。鼎盛期有庙田 60 亩。明万历年间进士蓝田曾来此游览，并赋诗赞誉："古庵正对黑尖山，居民来就水甘泉。"

明永乐年间，曲氏始祖曲江从云南大槐树村，随移民大潮千里迢迢来到即墨县仁化乡姜哥庄南头居住。曲江的儿子曲万长大后离开此地到石湾开拓发展。当时这里野草遍地、荆棘丛生、豺狼出没、狐獾横行，自然条件十分恶劣。但曲万及其子孙凭借超凡毅力和生产技能，栉风沐雨，开辟出大量耕地，定居下来形成村落。石湾村民选址于黑尖山下九条涧谷，在此建大士寺。

1910 年，当时的海静和尚（沙子口东姜家村人，俗名曲风球）收养了石湾村的一名孤儿，并收为徒弟，法号义仁。到 1939 年，大士寺有僧 4 人，义仁和尚为住持，至青岛解放时，只剩义仁和尚和东姜家村一寄居的曲江才在此。青岛解放后不久，义仁病故，曲江才去石佛寺侍奉海静法师，空无一人的大士寺逐渐没落，后来该寺改作小学，1966 年拆除。现大士寺由石湾社区修复，免费向市民开放。此寺系石佛寺（潮海院）之下院，是崂山地区为数不多的佛教建筑之一。

大士寺山门前两株银杏，古朴粗壮，苍劲挺拔，据传是建寺时栽植。山门右侧银杏树的侧枝下生长着一个大型的乳突状赘瘤，赘瘤根部直径约 25 厘米，长约 45 厘米，直挺挺地向地面垂直生长，树下长有很多小树环绕在大树周围，像孩子依偎在母亲身边。

2022 年，青岛市园林和林业局利用科学手段对两株银杏古树进行了树龄测定，它们的树龄分别约为 370 和 320 年。

沙子口海庙，位于沙子口湾西侧，始建于1624年，最初是一个用石块简单堆砌的小神龛。明崇祯七年（1634年），渔民连年丰收，商量要给龙王盖一个好的庙宇，于是在海边修建沧海观，也就是百姓俗称的海庙，内祀妈祖娘娘和龙王等护海之神，请他们保佑出海的渔民太平多福。

海庙重修于清乾隆五年（1736年），光绪十二年（1886年）再次重修。海庙于1966年被毁。1999年崂山区人民政府将其修复，并定为"区级重点文物保护单位"。历史上它曾属于崂山"九宫八观七十二庵"之一。海庙内有建庙时栽种的银杏，其中一株树龄约370年。

沙子口海庙银杏，树龄370年

明永乐二年（1404年），王氏祖先王臣、王义兄弟二人从小云南（山西大同以南）昆山大槐树里头迁入此地，定居后在房前屋后栽种了18棵槐树。几年后，槐树长得枝繁叶茂，常有老鸹在此栖息，故取村名为"老鸹巷"。

清乾隆初年，即墨周、黄、蓝、杨、郭五大姓之一杨氏后裔，入仕还乡的官吏杨宏玉、杨观玉兄弟到这里定居，因嫌村名"老鸹巷"不雅，易名为乌衣巷，因相对西南村落，故名"东乌衣巷"。

大槐树、老鸹窝等名称，在明初移民群体当中屡见不鲜，东乌衣巷看来也属于这一情形。如今在村里，还保留了两株老槐树。这两株古槐树分列东乌衣巷桥东两侧，树龄约330年。

北宅东乌衣巷国槐（两株），树龄330年

王哥庄村朴树，树龄 340 年

北宅卧龙村国槐，树龄 310 年

沙子口段家埠山茶，
树龄 310 年

大约在清乾隆末年或嘉庆初年，登瀛村的王德兴兄弟二人来到这里，见此虽处崂山山脉腹地，但周边山峰环绕，山沟地段地势平缓，且水草丰茂，可南瞰大海；清和湿润的东南风吹拂，是生活居住的绝佳之处，于是便带着自己的妻小来这里垒墙造屋、辟土垦荒，定居下来。后来南姜村的曲姓、大河东村和王哥庄街道青山村的朱、姜、林姓等陆续迁来，渐成村落。因为村南岭上原有一座倒塌的砖塔，故名砖塔岭村。

于七，螳螂拳创始人，出家前与曲家老祖结为兄弟，出家后托人送给曲家老祖一枚山茶种子，老人种下种子并让子孙守护好这棵树。如今，在曲家子孙的守护下，这株山茶枝繁叶茂，花艳果盛。另有一说，当年于七送的这枚种子正是采自崂山太清宫的山茶"降雪"。

沙子口砖塔岭山茶，树龄 360 年

据《于氏族谱》载：于氏祖于清朝中期，从即墨大人社区迁此小山上立村，因背依小山，故名"北山"。后王氏迁入，因该社区地处山口，社区居民多姓王，1935年改名为"王山口"。

王山口社区北面有一座山，山上有一块奇石，上面有经多年风化自然形成的九个栩栩如生的小石桃子，因此取名为"九桃山"。用锤敲击九个小石桃子，会发出九种不同的声响，清脆悦耳。在"九桃山"的山口，有一庙名为老君庙，又叫"紫霞庵"。

传说有一个道人从北边背来一尊老君紫铜像，准备运往南山庙中安放，但当他背到山口时又饥又渴，十分劳累。在此歇息时，被这里的风景吸引，就把这尊紫铜像放在了山口。

老君庙实为一个自然岩洞，内有一尊紫铜像，人们自发来此谒拜。庙前有大戏台，四周有围墙，庙前东西各有一株柏树，树龄300余年，其中东株于1978年被砍，做了小渔船。后人又补栽一株，两树均生长茂盛。自老君庙建起后，香火兴盛，每逢正月十一庙会，居民在庙前扎起戏台，唱上几天大戏，社区周边亲戚朋友都来逛会。1945年，日军将庙中的紫铜像偷走，至今杳无音信。后来，社区请来艺人重塑老君泥像，又在"文化大革命"中被毁，现只剩下一座空庙。

王哥庄王山口圆柏，树龄 320 年

神清宫，位于崂山区北宅街道，是崂山"九宫八观七十二庵"之一。创建于宋代元祐年间（1086—1094年）。据《重修神清宫碑记》载，神清宫为崂山古老道观之一，元、明两代迭经重修，至清代康熙中期和1923年又加修葺。邱处机来崂山时曾居此。

1939年该宫遭日军烧毁，1943年又被日军轰炸，庙舍全毁，只留下神清宫的最大标志，就是宫旁的古老槭树。这棵树最神奇之处在于它的根部：整个树根盘结在石头上，树根苍劲有力，让人着实体会到生命的力量。树高近20米，枝繁叶茂、浓荫蔽日，这棵槭树的树形也特别漂亮，许多游人都在树下休憩。它也被称为崂山的"迎客槭"。

神清宫元宝槭，树龄350年

王哥庄裙子夼圆柏，树龄 350 年

王哥庄港东银杏，树龄 350 年

崂山林场

崂山林场一、二级保护古树名录								
序号	挂牌号	树种	估测树龄（年）	树高（米）	胸（地）围（厘米）	平均冠幅（米）	具体生长地点	类别
1	37021200009	银杏	500	25	375	20	崂山林场华楼宫	一级古树
2	37021200010	银杏	800	30	540	26	崂山林场蔚竹观	一级古树
3	37021200011	银杏	700	22	410	17	崂山区青岛启迪高级中学（原青远山庄）	一级古树
4	37021200012	朴树	700	7	424	4	崂山林场太清广场	一级古树
5	37021200013	银杏	500	30	349	17	崂山林场太清宫内广场	一级古树
6	37021200014	圆柏	1500	18	361	10	崂山林场太清宫东侧	一级古树名木
7	37021200015	银杏	500	31	367	12	崂山林场太清宫三官殿	一级古树
8	37021200016	银杏	500	31	367	9	崂山林场太清宫三官殿	一级古树
9	37021200017	黄杨	800	8	138	4	崂山林场太清宫逢仙桥	一级古树名木
10	37021200018	糙叶树	1100	20	421	28	崂山林场太清宫逢仙桥	一级古树名木
11	37021200019	侧柏	700	17	242	6	崂山林场太清宫三清殿	一级古树名木
12	37021200020	银杏	500	26	380	22	崂山林场太清宫三清殿出口处	一级古树
13	37021200021	圆柏	1500	22	389	13	崂山林场太清宫三皇殿	一级古树名木
14	37021200022	侧柏	700	16.2	267	7	崂山林场太清宫三清殿	一级古树
15	37021200023	银杏	700	17	399	15	崂山林场上清宫	一级古树
16	37021200024	银杏	1000	25	502	26	崂山林场上清宫	一级古树
17	37021200025	银杏	700	26	449	13	崂山林场明霞洞南坡	一级古树
18	37021200026	银杏	700	15	399	16	崂山林场明霞洞	一级古树
19	37021200027	银杏	700	15	402	16	崂山林场明霞洞	一级古树
20	37021200028	黄杨	700	7	129	5	崂山林场明霞洞	一级古树
21	37021200029	黄杨	700	8	116	8	崂山林场明霞洞	一级古树
22	37021200030	黄杨	500	6	100	7	崂山林场明霞洞	一级古树
23	37021200031	紫薇	600	7	100	7	崂山林场明霞洞	一级古树
24	37021200032	黄杨	700	8	135	8	崂山林场明霞洞	一级古树
25	37021200033	黄杨	700	7	126	7	崂山林场明霞洞	一级古树
26	37021200034	银杏	1000	26	530	18	崂山林场凝真观	一级古树
27	37021200035	圆柏	1000	13	320	8	崂山林场太平宫	一级古树
28	37021200036	银杏	1000	25	420	17	崂山林场白云洞	一级古树
29	37021210017	银杏	420	23	235	15	崂山林场华楼宫	二级古树
30	37021210018	银杏	420	15	345	19	崂山林场华楼宫	二级古树
31	37021210019	银杏	370	18	225	12.5	崂山林场华楼宫	二级古树

序号	挂牌号	树种	估测树龄（年）	树高（米）	胸（地）围（厘米）	平均冠幅（米）	具体生长地点	类别
						崂山林场一、二级保护古树名录		
32	37021210020	银杏	420	12	230	13.5	崂山林场鸿烈别墅	二级古树
33	37021210021	银杏	400	19	230	14	崂山林场蔚竹观	二级古树
34	37021210022	银杏	300	18	247	14.5	崂山林场太和观	二级古树
35	37021210023	黄连木	300	9.3	239	9	崂山林场太清广场	二级古树
36	37021210024	黄连木	300	11	261	10	崂山林场太清广场	二级古树
37	37021210025	流苏树	300	11	264	11	崂山林场太清茶楼前	二级古树
38	37021210026	黄连木	400	23	317	18	崂山林场太清广场	二级古树
39	37021210027	朴树	300	10	232	11	崂山林场太清广场	二级古树
40	37021210028	银杏	410	24	320	11.5	崂山林场太清宫庙东河	二级古树
41	37021210029	银杏	410	17	239	15	崂山林场垭口	二级古树
42	37021210030	银杏	400	20	239	12.5	崂山林场太清宫南	二级古树
43	37021210031	银杏	420	19	261	14	崂山林场太清宫南	二级古树
44	37021210032	银杏	420	18	239	9	崂山林场太清宫南	二级古树
45	37021210033	银杏	440	17	220	10	崂山林场太清宫西南	二级古树
46	37021210034	银杏	430	17	251	14	崂山林场太清宫西	二级古树
47	37021210035	银杏	300	24	251	14.5	崂山林场太清宫西	二级古树
48	37021210036	银杏	440	18	273	14	崂山林场太清宫西	二级古树
49	37021210037	银杏	460	20	264	14	崂山林场太清宫仪门西	二级古树
50	37021210038	黄连木	300	19.6	270	13	崂山林场太清宫元君阁	二级古树
51	37021210039	山茶	370	5.3	94	6.5	崂山林场太清宫斋堂	二级古树
52	37021210040	银杏	470	12	261	6	崂山林场太清宫翰林院	二级古树
53	37021210041	山茶	400	6.2	100	8	崂山林场太清宫三官殿	二级古树
54	37021210042	山茶	400	6.3	72	5.5	崂山林场太清宫三官殿	二级古树
55	37021210043	银杏	490	22.7	298	13	崂山林场太清宫逢仙桥	二级古树
56	37021210044	银杏	440	25.3	220	9	崂山林场太清宫庙门出口处	二级古树
57	37021210045	银杏	300	20.2	217	13.5	崂山林场太清宫三皇殿	二级古树
58	37021210046	银杏	460	25.3	352	16	崂山林场太清宫三皇殿	二级古树
59	37021210047	山茶	400	11	141	11.5	崂山林场太清宫三皇殿	二级古树
60	37021210048	银杏	430	22	270	9.5	崂山林场太清宫三清殿东	二级古树
61	37021210049	银杏	430	18.5	286	11.5	崂山林场太清宫神水泉	二级古树
62	37021210050	山茶	400	6	94	7	崂山林场明霞洞	二级古树
63	37021210051	山茶	400	5	85	6.5	崂山林场明霞洞	二级古树

续表

序号	挂牌号	树种	估测树龄（年）	树高（米）	胸（地）围（厘米）	平均冠幅（米）	具体生长地点	类别
64	37021210052	银杏	460	27	264	12.5	崂山林场太清张坡（驱虎庵）	二级古树
65	37021210053	黄连木	300	12	188	12.5	崂山林场太清广场	二级古树
66	37021210054	黄连木	300	8.5	173	8.5	崂山林场太清广场	二级古树
67	37021210055	银杏	460	27	311	18.5	崂山林场太清宫庙门出口处	二级古树
68	37021210056	银杏	450	25	257	11.5	崂山林场天门后工队房外	二级古树
69	37021210057	银杏	380	18.5	270	16.5	崂山林场华严寺塔院	二级古树
70	37021210058	银杏	380	17	310	16.8	崂山林场华严寺塔院	二级古树
71	37021210059	栓皮栎	300	18.5	340	18	崂山林场华严寺三圣殿	二级古树
72	37021210060	银杏	450	29.5	310	18	崂山林场明道观台阶路西侧	二级古树
73	37021210061	银杏	450	30.5	322	17	崂山林场明道观台阶路东侧	二级古树
74	37021210062	银杏	450	17.6	290	16	崂山林场明道观	二级古树
75	37021210063	银杏	450	3.5	282	12.5	崂山林场白云洞	二级古树
76	37021210064	银杏	470	18	340	19	崂山林场凝真观西竹院外	二级古树
77	37021210065	赤松	300	10	255	13.5	崂山林场太平宫	二级古树
78	37021210066	赤松	300	9	300	8	崂山林场太平宫	二级古树

崂山林场一、二级保护古树名录

张廉夫手植圆柏

张廉夫（前171年—？），字静如，号乐山，江西瑞州府人。汉景帝时曾入朝为官，官至上大夫。后因得罪权要，遂弃职入道，入终南山数载精研玄学。于汉武帝建元元年（前140年）云游至崂山，选择背山面海处建茅庵供奉三官大帝，在此隐居修道，垦荒种田，自称"乐山居士"并授徒祭拜。三官庵，就是今日太清宫之三官殿，也就是崂山太清宫的前身。张廉夫后又率众弟子建起了三清殿，奠定了崂山道教的基础。而其时比张道陵创立天师道的时间早了282年，所以张廉夫被奉为崂山道教的开山始祖。

在建设庙宇的同时，他们栽植各种树木，成为崂山地区有史可考的人工植物开创者。太清宫三皇殿的"汉柏凌霄"据传是张廉夫在崂山初创三官庵时亲手所植。

"汉柏凌霄"一名有两种含义，一种为这株圆柏植于汉代，树上又生有凌霄，故称"汉柏凌霄"。另一种含义则为，古圆柏高耸凌云，直插云霄，因而得名"汉柏凌霄"。令人惊奇的是，除了本来就有的凌霄，20世纪60年代，在该树离地5米高的缝隙处，又长出了一株盐肤木，在半空与圆柏树干成45°角，斜向上生长，形成了三树一体的景观。后来盐肤木死亡，在该树树干离地近10米高的分杈处，又长出高约30厘米的刺楸。三树相依相靠，和谐共生。

三皇殿"汉柏凌霄"，树龄1500年

太清宫圆柏，树龄1500年

刘若拙手植银杏

刘若拙，生于唐昭宗光化年间，号华盖真人，四川人，于罗浮山曜真洞修行。后唐同光二年（924年），刘若拙自蜀地东来崂山寻访李哲玄，于太清宫南麓建一座草庵，供老子神像。因其时崂山多虎，遂起名"驱虎庵"以冀辟除。明黄宗旨《崂山志》记其"丹颜皓首，不自知其年，衣敝衣，取掩形耳。不冠，不履，冬不炉，夏不扇。一夕端坐化去，神色自若"，足见其深厚的道功修养。当地民间传说，刘真人庞眉皓发，面如渥丹，体魄雄浑，步履矫健，人望之敬若天神。他武艺高强，带弟子勇驱虎狼，为民除害，故深受百姓爱戴。

宋太祖乾德五年（967年），朝廷主管道教事务的右街道录何自守坐事流配。太祖素闻刘若拙之名，于是召刘若拙入京任左街道录，敕封为"华盖真人"，命其肃清道流。《皇朝通鉴》称其"善服气，年九十余不衰，步履矫捷。每水旱，必招于禁中，设坛致祷，其法精审"。数年之后，刘若拙功成名就，辞归崂山，宋太祖乃敕建上苑宫（今太平宫）为其道场，并太清宫、上清宫为其别院，此为崂山太清宫敕建称宫之始。

上清宫山门内外各有一株银杏，据传为刘若拙修建上清宫时亲手栽植，距今已有1000多年的历史。山门内的银杏，1990年被火焚烧，母株已枯，内生出3株子株，犹如凤凰涅槃一般，在死亡的烈火中得到重生。山门外的银杏，母株周围有8个主分枝和百余株分蘖子株，远看犹如一片树林，郁郁葱葱，因而得名"独木成林"。

上清宫山门内银杏，树龄1000年

上清宫山门外银杏，树龄700年

李哲玄手植"龙头榆"

据《太清宫志》记载，"河南兰义县进士李哲玄，号守中子，性好清淡，无意仕进，厌世出俗，弃家云游，访求至道。初入罗浮山潜修得其玄妙，于唐天佑元年甲子游至东海崂山太清宫。与本宫道士张道冲、郑道坤、李志云、王志诚诸公相契合，遂由此不他往。旋建殿宇，供三皇神像，名曰三皇庵"。

五代后周太祖广顺三年（953年），时已106岁高龄的李哲玄云游至京师。时值大旱不雨，灾疫流行，李哲玄悬壶济世，救人无数，被誉为"神医"。后周太祖郭威闻知，诏其祈雨，果有应验。太祖厚赐李哲玄，坚辞不受，遂敕封为"道化普济真人"。这是崂山道教历史上第一个受到皇帝敕封的高真。

太清宫逢仙桥旁的糙叶树，据记载为李哲玄亲手所植，因其树形奇特，犹似龙头，而被人们称为"龙头榆"。

太清宫龙头榆，树龄1100年

张三丰引种耐冬（山茶）

《明史·方伎》卷二百九十九记载："张三丰，辽东懿州人，名全一，一名君宝，三丰其道号也。以其不饰边幅，又号张邋遢。"

又据明末黄宗昌《崂山志》记载："明永乐间有张三丰者，尝自青州云门来，于崂山下居之。居民苏现礼敬焉。邑中初无耐冬花，三丰自海岛携出一本，植现庭前，虽隆冬严雪，叶色愈翠。正月即花，蕃艳可爱。龄近二百年，柯干大小如初。或分其蘖株别植，未有能生者。又有张仙塔、邋遢石，皆其历迹。"

据说张三丰青年时代便来到崂山洞居修行十余载，后云游天下，遇火龙真人得传大道。元惠宗元统二年（1334年），张三丰二入崂山，居于驱虎庵、明霞洞等地修行，两年后离崂山前往青州云门山。明永乐二年（1404年），张三丰自青州三来崂山，居于乡民苏现家中，并从长门岩岛上移来山茶，从此崂山一带逐渐遍布山茶花。

三官殿红山茶，树龄 400 年

三官殿白山茶，树龄 400 年

太清宫斋堂山茶，树龄 370 年

邓小平品评黄杨

1979 年 7 月中旬，邓小平同志从上海来到风景如画的青岛。30 日清晨，从驻地山海关路出发，乘车直赴崂山视察。8 点 30 分，邓小平同志来到崂山太清宫。导游曲佩敬陪同邓小平同志去临时设置的接待室（三清殿东院）休息。路过三官殿院西便门，邓小平同志对这里的黄杨树很感兴趣，便停下来欣赏。曲佩敬开始介绍，当说到"这种树长得很慢，长到现在这么高大约需要几百年的时间，木质细而坚硬"时，邓小平同志指着树说道："这种木头可以刻图章。"邓小平同志非常喜欢黄杨木刻的图章，并在树下合影留念。

太清宫逢仙桥黄杨，树龄 800 年

太清广场朴树，树龄 700 年

太清广场黄连木（4株），树龄 300 年

太清广场黄连木，树龄 400 年

太清茶楼前流苏树，树龄 300 年

太清管理处门口朴树，树龄 300 年

崂山太清宫，又名下清宫，是崂山最大的道观，全真道天下第二道场，位于崂山南麓老君峰下，前临太清湾，背依七峰，四季葱茏。太清宫的开山始祖为张廉夫，自公元前 140 年初创，到现在已有 2000 多年的历史，几乎每朝每代都进行过修葺。太清宫共分三个独立院落，分别是三官殿、三皇殿、三清殿。崂山素有"九宫八观七十二名庵"之说，其中规模最大、历史最悠久的就是太清宫。

崂山太清宫是道教发源地之一，历朝历代均有高道大德之士在此居住修行，其中就包括赫赫有名的邱处机、刘长生和张三丰。

太清宫三面环山，一面临海，被巨峰和近处七峰环抱，阻挡住冬季北来的寒冷气流，因而形成了一个独特的近似亚热带小气候、小环境。既无寒冬，又无酷暑，温和湿润，植物繁茂，品种繁多，素有"小江南"之称。良好的生存环境和人们对宗教的信仰，为植物的生长提供了有利条件，寺庙周围的树木也因此被更好地保存下来，历代相传。

太清宫内广场银杏，树龄 500 年

太清宫三官殿银杏（两株），树龄 500 年

三官殿为太清宫之前身，由西汉江西瑞州府人张廉夫初创，是崂山历史上最为古老的道教殿宇。

三官殿门口的两株银杏相传为华盖真人刘若拙敕建太清宫时所植，估测树龄为 1000 多年。2022 年，青岛市园林和林业局利用科学手段对其进行了树龄测定，两株银杏树龄均为 500 多年。

三官殿山茶，树龄 400 年

三官殿白山茶，树龄 400 年

　　在太清宫山茶古树中，只有三官殿前的一株山茶开的花是白色，并且是重瓣的，它是山茶中的稀有品种，树龄约 400 年。开花时节，它与红色山茶一红一白，交相辉映，争芳斗艳，实为太清宫隆冬季节的一大美景。

翰林院银杏，树龄 470 年

三清殿为道教主殿，供奉道家最高神三清尊神。据《太清宫志》记载，西汉建元三年（前138年），张廉夫携弟子建殿宇，供奉三清神像。

三清殿侧柏，树龄 700 年

三清殿侧柏凌霄，树龄 700 年

三清殿东银杏，树龄 430 年

神水泉银杏，树龄 430 年

逢仙桥银杏，树龄 490 年

　　"泰山虽云高，不及东海崂。"神水泉是崂山的四大名泉之一，"神水泉"三个字，据说是宋代华盖真人刘若拙的亲笔手迹。

　　相传在上古时期，王母娘娘在崂山狮峰种植不死仙草，又引瑶池之水化作四眼神泉用以浇灌仙草，神水泉就是瑶池的一个支流。后有先秦方士偶入崂山仙境，饮得此泉，发现常饮此泉，能百病不生，长生驻颜，遂以此神泉水为药引，终练得长生不老仙丹，举霞飞升。受此神水滋养的银杏古树，如今依旧枝繁叶茂，生机盎然。

　　据《崂山太清宫志》记载：桥在三清殿之左，三官殿之右，用石板纵覆如通道，南北长数十丈。桥底溪流潺潺，清脆若钟声，乃华盖真人所建。据传说，前有某监院，年节行迎神礼，夜半于此，遇一长髯道人，相貌文雅，羽衣翩翩，迎面而立，问之不答，再问，则曰："此时正好接驾。"言甫毕，从容步去。监院不识谁何，谔，欲再问，回首已杳。由此名曰"逢仙桥"。

三皇殿山茶（绛雪），树龄400年

三皇殿，创建于唐末，由崂山道士道化普济真人李哲玄所创建。供奉天皇、地皇、人皇神位，即中华民族的祖先伏羲、神农和黄帝，属于道教祖先崇拜的范畴。三皇殿中的这株山茶是蒲松龄笔下《聊斋志异·香玉》篇中花神"绛雪"的原型。

据《崂山太清宫志》记载：本宫古耐冬有二株，其一在三清殿院，年最久。传云两千年来，枯而复荣者数次，载诸《聊斋志异》，名"绛雪"，曰花之神。清季以还，枝干折枯，本宫为维护起见，设柱敷架平其枝股，期其持久也。及民国二十三年秋，叶落枝焦，竟则全枯，历四五年了无生意。适值倭人入寇，枝为乱兵折作火头，势不能存，然又不忍遽去，幸留老干数尺，形若仰桶，因以砖块实其窦，以防侵蚀。二十九年春，

根部复萌怒芽，今已经寸矣。

其一在三官殿院，系元时张三丰师手植，郁茂葱茏，荟萃满院，干约十数围。年自霜降节前开花，递禅代谢，直至次年谷雨节后始罢。每届冬令，满树红绿，白雪轻敷，互相掩映，景色尤胜。

随着《聊斋志异》的声名远播，清代中期始，凡来崂山的游客无不入庙观树。不幸的是，"绛雪"于1926年仙逝。但三官殿院内和"绛雪"形似的姐妹树仍在，为了满足游人对"绛雪"的寻觅，遂将"绛雪"之名移到了三官殿院内的山茶上。然而，令人惋惜的是，这位"绛雪"也于2002年香消玉殒。如今大家看到的"绛雪"是位于三皇殿院中的这株山茶，树龄约400年。

三皇殿外的银杏，树龄 460 年、300 年

太清宫斋堂山茶，树龄 370 年

元君阁黄连木，树龄 300 年

太清宫出口处银杏，树龄 500 年

太清宫出口处银杏，树龄 460 年、440 年

太清宫东银杏，树龄 400 年

太清宫西银杏，树龄 300 年

太清宫西银杏，树龄 440 年

太清宫西南银杏（两株），树龄 440 年、430 年

太清宫南银杏（两株），树龄 420 年

太清宫二门西银杏，树龄 460 年

太清宫庙东河银杏，树龄 410 年

太清天门后银杏，树龄 450 年

垭口银杏，树龄 410 年

张坡驱虎庵银杏，树龄 460 年

明霞洞，本为崂山上清宫别院，是天然花岗岩崩落叠架而成，为道教全真道龙门派支派金山派（崂山派）祖庭。据《胶澳志》载："明霞洞建于金大定二年（1162年）。"洞额"明霞洞"三字为全真道掌教邱处机题，清代书法家王序手迹。金山派祖师孙紫阳曾静修于此，并有石刻《孙紫阳疏》。

明霞洞现存之庙观，原名斗母宫，始建于元代。自明代起，观名由斗母宫更名为明霞洞，为道家之庙观，据张起岩《聚仙宫碑》记载，元代道士李志明始居于此。明、清两代，明霞洞为僧、道交替住持，既供玉皇，又祀观音。明代永乐年间，道士张三丰又居此，明霞洞后其修真处名玄真洞。

明霞洞旁的黄杨、银杏、紫薇等古树都有着几百年的树龄，是青岛市一级保护古树较为集中的地方。每年夏季，当明霞洞旁的这株紫薇进入盛花期，这里便游客云集。600年树龄的紫薇古树，在历尽沧桑后依然长势良好，一团团一簇簇花色艳丽的紫薇花灿若云锦，美如画卷。

明霞洞紫薇，树龄600年

明霞洞黄杨（5株），树龄700年4株、500年1株

明霞洞银杏（3株），树龄 700 年

明霞洞山茶（两株），树龄 400 年

白云洞，位于崂山东部海滨，地势高爽，林木茂密，面临长涧，侧望沧海，环境雅洁，楼阁精美，与明霞洞并称为前、后涧，是崂山著名道观之一。因洞口四周一年四季，大多数日子白云缭绕而得名。白云洞额刻有"白云洞"三字，是清末翰林院日照尹琅若（字琳基）所题，字体雄浑，很有气势。洞前有两株银杏古树，大可合抱，如巨伞撑天。

1935年前后是白云洞的鼎盛时期，有道士40人，房屋70间。1939年，崂山的道教人士投身于民族抗战之中，白云洞也成为抗日游击队的根据地。1939年6月11日上午，日军入侵白云洞，搜剿活动在此的游击队。在洞前的大银杏树下将道长邹全阳斩杀，又杀道士4人及雇工2人，纵火焚烧所有房屋，焚毁清代书法家陆润庠楷书的尹琳基《白云洞观海市记》8幅条屏，掠去珍贵文物6件。1940年、1946年、1956年白云洞经过多次修缮。"文化大革命"期间，房屋及神像再次遭到破坏，如今只有石洞犹存。

白云洞银杏（两株），树龄1000年、450年

凝真观银杏（两株），树龄 1000 年、470 年

　　凝真观，又名迎真观、迎真宫，位于崂山区王哥庄街道庙石社区东侧。创建于元代元统年间（1333—1335 年）；明弘治二年（1489 年）重修；清康熙初年道士刘信常来此，重加修整，更名为凝真观。

　　此观附属太清宫，属于全真金山派。1950 年该观曾为小学使用。"文化大革命"初期，观内的神像、文物、庙碑全部被捣毁焚烧。1983 年该观拆除，现仅存遗址和几株古老的银杏树。

太平宫圆柏，树龄 1000 年

太平宫，位于仰口湾畔的上苑山麓，负山面海，景色绮丽，有奇峰异石，古木幽洞。在崂山现存的寺观中，太平宫是有史料可考的最古老的道观。

据明嘉靖四十五年（1566 年）和清顺治十年（1653 年）重修太平宫的碑文记载，太平宫是宋太祖赵匡胤为华盖真人刘若拙建立的道场，因落成于太平兴国年间，故初名太平兴国院，后改名为太平宫。与此同时，又兴建或重建了太清宫和上清宫，作为它的别院。院内的圆柏为道观初建时所植，树龄有 1000 多年。

太平宫自宋代建庙以来，历史上多次重修。其中，以明末清初重修的规模最大，历时最久。自明崇祯九年（1636年）起至清顺治六年（1649年），前后用了13年时间。通往太平宫的石阶旁，有两株赤松古树，即是当时修复太平宫时所植。300多年来，赤松生长良好并独成一景。两株古松虬枝交错，针叶披拂，如同两把大绿伞，清代文士盛赞其美，题字刻石为"华盖迎宾"。路西侧的一株赤松紧靠一大石而生，其根部从大石的另一侧钻出，生成一株小赤松，依石而立，形成一处特殊自然景观，人称"双松抱石"。

太平宫赤松（两株），树龄300年

　　华楼宫，又叫万寿宫，原名"灵峰道院"，始建于元泰定二年（1325年），隶属全真教华山派，为刘志坚主持修建，明天顺年间（1457—1464年）重修，清康熙年间（1662—1722年）再次重修。据记载，刘志坚在华楼宫修行30余年，仙逝后，弟子们为他立了"行状碑"，碑文由当时的大学士、光禄大夫赵世延撰写。

　　华楼宫创建近700年，几经兴衰，抗日战争时期，惨遭日军洗劫，1949年青岛解放前夕，已破败不堪。1956年，青岛市人民政府曾拨款修缮，但"文化大革命"期间华楼宫再次被毁。现在的华楼宫是20世纪90年代重建的，基本上保持了原来的风格。殿前的几株银杏古树也得到了悉心照顾，到了秋天，院内铺满金黄色的银杏叶，煞是好看。

华楼宫银杏，树龄500年

华楼宫银杏（两株），树龄420年

华楼宫银杏，树龄 370 年

沈鸿烈别墅银杏，树龄 420 年

青岛启迪高级中学（原青远山庄）银杏，树龄 700 年

明道观院内银杏，树龄450年

明道观，地处崂山东麓招凤岭前，青山环绕，地势崇高，海拔640余米，是崂山现有宫、观、庙、庵中地势最高的一座道观。据《崂山地名志》记载，在唐天宝二年（743年），这里就有过"建筑物"，但肯定不是真正的道观，而是孙昙在崂山采药炼丹的山房，实际为一座草堂。至明代，白云洞全真道清净派道众始建明道观；清康熙五十三年（1714年）崂山道人宋天成重建；乾隆中期改属全真道龙门派金山派。1939年，日军入山烧毁房屋15间，道众四散。1956年，青岛市人民政府拨款修葺明道观。"文化大革命"时期，明道观遭人为破坏，庙内之神像、经卷、文物被捣毁焚烧。

观院外面有3株银杏树，树龄约450年，估测应为明代建观时栽植。

明道观台阶路旁银杏（两株），树龄450年

华严寺，原名华严庵、华严禅院，是崂山现存唯一的佛寺。地处崂山支脉那罗延山半腰，三面环山，东邻大海，庙宇楼阁之壮丽，洞壑泉石之清奇，在崂山古刹中当为第一。

华严寺历史悠久，几经兴废。远在晋之前，那罗延窟即为华严寺的开山鼻祖洞。明代御史黄宗昌及其子建华严庵于现址。清顺治以来，屡经修葺，迄今仍为当年规模，1931 年改称华严寺。华严寺依山势而建，为"阶梯式"院落，整体建筑宏伟典雅，为崂山古代建筑艺术之最。

华严寺前西侧的塔院，四周环筑围墙，是寺中历代住持的藏骨处。抗清英雄于七农民起义兵败后出家，法名善和，后成为华严寺第二代住持，圆寂后遗骨亦埋藏于此。

塔院北侧的两株银杏和三圣殿东的一株栓皮栎，估测应为清代修葺时所植。

华严寺三圣殿院东栓皮栎，树龄 300 年

华严寺塔院北侧银杏（两株），树龄 380 年

蔚竹观银杏，树龄 400 年

蔚竹观，古称蔚竹庵，地处崂山凤凰岭下、鹰愁涧河谷内，是崂山古代题刻保存较为完好的道教宫观之一。崂山庙宇众多，碑记百余通，"文化大革命"期间，破坏殆尽，蔚竹观里有三块石碑得以保存，为崂山庙宇所罕见。

据石碑文献记载，明万历十七年（1589 年），全真道华山派道士宋冲儒云游到崂山，见这里山峦叠翠，涧水鸣琴，环境极幽，遂修建道观，并移栽翠竹，环绕成林，取名"蔚竹庵"。蔚竹观现存正殿及配房均为清嘉庆年间重修。

观内现有两株一、二级保护的银杏古树，长势良好。其中一株树龄约为 800 年，胸围达到 540 厘米，为崂山景区最粗的银杏古树。

蔚竹观银杏，树龄 800 年

太和观，又名北九水庙、九水庙，位于崂山外九水河尽处。据《崂山志》记载：建于明代天启年间（1621—1627年），旧有书院，为即墨绅士之所；四围峻山，前横大涧，观外青竹葱郁，古松参天，云雾缥缈，风景极佳；隔涧有九水亭等名胜古迹。

20世纪初，观中道士与村民争夺土地，而被村民告到了当时的即墨县衙。14年后，村民胜诉，太和观由此逐渐衰败，"文化大革命"期间也未能幸免，原书院中的众多古籍荡然无存。

太和观银杏，树龄300年

西海岸新区

序号	挂牌号	树种	估测树龄（年）	树高（米）	胸（地）围（厘米）	平均冠幅（米）	具体生长地点	类别
							西海岸新区一、二级保护古树名录	
1	37021100001	银杏	500	18	398	12	西海岸新区灵山卫街道西街村城隍庙	一级古树
2	37021100002	银杏	500	15	398	15	西海岸新区灵山卫街道东街村林语画幼儿园	一级古树
3	37021100003	圆柏	600	11.8	252	6	西海岸新区宝山镇金沟村	一级古树
4	37021100004	银杏	500	16.2	620	20	西海岸新区宝山镇瓦屋大庄村	一级古树
5	37021100005	银杏	500	26.5	718	16	西海岸新区宝山镇金岭村	一级古树
6	37021100006	银杏	500	27.5	596	20	西海岸新区宝山镇金岭村	一级古树
7	37021100007	银杏	500	16.5	504	19	西海岸新区宝山镇向阳村	一级古树
8	37021100008	银杏	600	21.5	503	19	西海岸新区宝山镇小张八村	一级古树
9	37021100009	银杏	500	21	475	23	西海岸新区宝山镇白家屯村	一级古树
10	37021100010	银杏	600	26	550	19	西海岸新区六汪镇下庵村	一级古树
11	37021100011	银杏	500	17.5	512	20	西海岸新区张家楼镇北寨村	一级古树
12	37021100012	银杏	500	18.5	398	25	西海岸新区王台镇石梁杨村	一级古树
13	37021100013	银杏	500	16.5	455	17	西海岸新区大村镇田庄村	一级古树
14	37021100014	银杏	500	24.3	557	23	西海岸新区大村镇双庙村	一级古树
15	37021100015	银杏	600	18	620	19	西海岸新区大场镇井戈庄村	一级古树
16	37021100016	朴树	500	18	350	19	西海岸新区灵山岛李家村	一级古树
17	37021100017	朴树	600	12.6	390	20	西海岸新区灵山岛沙嘴子村	一级古树
18	37021100018	黄杨	500	5	100	6	西海岸新区灵山岛毛家沟村	一级古树
19	37021110001	银杏	310	17	371	17	西海岸新区长江路街道千禧银杏苑小区	二级古树
20	37021110002	银杏	340	15	397	15	西海岸新区灵山卫小学西侧	二级古树
21	37021110003	银杏	490	21	615	12	西海岸新区滨海街道凤凰村	二级古树
22	37021110004	银杏	400	21.5	465	18	西海岸新区长江路街道周家齐社区原址	二级古树
23	37021110005	银杏	350	21	414	21	西海岸新区胶南街道郑家河岩村	二级古树
24	37021110006	银杏	360	18	425	18	西海岸新区灵山卫街道太平庵	二级古树
25	37021110007	圆柏	410	9	268	8	西海岸新区滨海街道峡沟村	二级古树
26	37021110008	槐	360	11.5	310	11	西海岸新区铁山街道上沟村	二级古树
27	37021110009	山楂	350	6.5	227	10	西海岸新区铁山街道墨禅庵村	二级古树
28	37021110010	枣	350	12	174	5	西海岸新区珠海街道宋家庄村	二级古树
29	37021110011	槐	370	6.5	357	5	西海岸新区张家楼街道东马家庄村	二级古树
30	37021110012	槐	320	6	312	5	西海岸新区张家楼街道东马家庄村	二级古树

序号	挂牌号	树种	估测树龄（年）	树高（米）	胸（地）围（厘米）	平均冠幅（米）	具体生长地点	类别
			西海岸新区一、二级保护古树名录					
31	37021110013	银杏	470	16	301	11	西海岸新区灵山卫街道西街村城隍庙	二级古树
32	37021110014	银杏	330	14	385	11	西海岸新区王台街道石灰窑村	二级古树
33	37021110015	银杏	310	17	308	17	西海岸新区长江路街道千禧银杏苑小区	二级古树
34	37021110016	槐	300	8	293	8	西海岸新区王台街道南柳圈村	二级古树
35	37021110017	柘树	360	5.6	210	8	西海岸新区王台街道韩家寨村	二级古树
36	37021110018	槐	370	7.8	363	10	西海岸新区六汪镇山周村	二级古树
37	37021110019	槐	330	6.2	320	9	西海岸新区六汪镇不过涧村	二级古树
38	37021110020	银杏	300	14.1	360	10	西海岸新区六汪镇花沟村	二级古树
39	37021110021	银杏	400	23	470	21	西海岸新区宝山镇吕家村	二级古树
40	37021110022	银杏	370	22	440	18	西海岸新区宝山镇东山前村	二级古树
41	37021110023	银杏	300	10	345	11	西海岸新区宝山镇胡家村	二级古树
42	37021110024	银杏	300	19	360	19	西海岸新区宝山镇东宅科村	二级古树
43	37021110025	银杏	300	16	366	15	西海岸新区泊里镇东港城华府小区	二级古树
44	37021110026	银杏	300	19	367	15	西海岸新区泊里镇蟠龙庵村村史馆	二级古树
45	37021110027	银杏	350	17.8	418	14	西海岸新区大场镇雹泉庙村	二级古树
46	37021110028	银杏	350	13.5	412	13	西海岸新区大场镇后河岔村	二级古树
47	37021110029	银杏	360	13.3	423	13	西海岸新区大村镇管家村	二级古树
48	37021110030	柘树	380	11	146	7	西海岸新区大村镇东龙古村	二级古树
49	37021110031	槐	300	6.5	281	5	西海岸新区大村镇小石岭村	二级古树
50	37021110032	槐	300	7	285	7	西海岸新区六汪镇西官庄村	二级古树
51	37021110033	槐	300	5.5	290	10	西海岸新区六汪镇屯里集村	二级古树
52	37021110034	银杏	320	19	380	21	西海岸新区六汪镇屯里集村	二级古树
53	37021110035	银杏	370	12	435	14	西海岸新区六汪镇吕家大庄村	二级古树

据《灵山卫志》记载："灵山卫，建于明洪武五年（1372年），设立以防海也。"因南面海上有灵山，卫以山得名，故叫灵山卫。明、清两代均为鲁东南沿海军事要塞。据史料记载，自设卫至雍正十二年（1734年）撤并。历史上灵山卫曾与天津卫、威海卫齐名。城隍庙建于明朝初期，是灵山卫城保存比较完整的古建筑之一。

灵山卫城隍庙位于灵山卫西街，东西大街西端路北。作为老胶南市唯一保留下来的城隍庙，

灵山卫西街城隍庙历经了600多年的风雨。2011年，灵山卫政府筹资修复城隍庙，本着"修旧如旧"的原则，对主殿和后殿进行了维修。

维修后的主殿青砖青瓦，木窗铜门，主殿门前的两株银杏古树像两个卫士一样守护着城隍庙。

2022年，青岛市园林和林业局利用科学手段对这两株银杏做了树龄测定。经测定，两株古树的树龄分别约为500年和470年。

灵山卫城隍庙银杏（两株），树龄500年、470年

灵山卫东街村银杏（两株），树龄 500 年、340 年

据史料记载，灵山卫历经明洪武五年（1372年）、永乐二年（1404年）和弘治元年（1488年）三次营建，后随着人口不断增多，在卫城外又有了东街、西街、北街居住区。

位于灵山卫东街村林语画幼儿园内的这两株银杏，与西街城隍庙的两株银杏长势相当，据估测应为同时期栽植。如今这四株银杏古树并排站立于灵山卫的东西大街上，默默守护着这一方水土，讲述着这座古城的记忆。

灵山卫太平庵旧址银杏，树龄 360 年

史料显示，太平庵始建于唐贞观年间，距今已有近 1400 年的历史，是古胶州（这里原属古胶州）境内建造较早的古刹之一。鼎盛时期的太平庵，主建筑有三大殿、玉皇殿、龙王殿，还有武侯祠、关帝庙、魁星阁等，殿内雕梁画栋，金碧辉煌，周围林木环绕，气氛庄严肃穆。

宋末元初的战乱，使正处鼎盛时期的太平庵被焚毁。据庵中碑文记载，太平庵几经圮废，现在的太平庵是清末重修而成。如今的太平庵被列为黄岛区第一批文物保护单位。院内的这株银杏古树应为清代重修时所植，树龄约为 360 年。

长江路街道千禧银杏苑银杏（两株），树龄 310 年

据《周家夼村史》考证，周家夼起源于元朝元顺年间，当时周四立、周四军、周四王兄弟三人从四川省青川县迁入此地，因周围几乎无人烟，他们又来自青川县，所以就将此地定名为"夼"字（大川之意）。

相传元真十年（1306 年）此处有一座庙，这株银杏古树应是植于庙前。如今树根南部仍隐约可见庙墙遗址。树干缺少处，为"文化大革命"时期建学校时砍伐。2022 年的古树调查对其生长量进行了分析，经评估，此树估测树龄约 400 年。

长江路街道周家夼原址银杏，树龄 400 年

这株枣树位于珠海街道宋家庄村一处小卖部门前，古树斜倚在屋檐边，树干虬曲粗糙。

据村民介绍，这株枣树每年春天发芽晚，但落叶也晚，有时候都霜降了，它的叶子还是绿的。曾经这株枣树每年都会结很多枣子，个大肉厚。村民们因怕伤及古树，都不会去树上打枣，只是等熟透了的枣子掉到地上，才会捡回家。

近两年，枣树不幸感染了枣疯病，生长状况越来越差，到了秋季，满树的红枣早已不见。如今，这株古树正挣扎在濒死边缘，实在令人惋惜。

珠海街道宋家庄村枣树，树龄 350 年

胶南街道郑家河岩村银杏，树龄 350 年

位于滨海街道凤凰村村南果园内的这株银杏，胸径达到 2 米。凤凰村仅有 400 多年历史，村子未形成之前，便有了这株银杏树。据旧志记载，凤凰村内原有不少庵观庙宇，周围栽种了很多银杏树，但大都自然死亡或者遭到破坏，目前仅存这一株。虽经多年风雨，古树依然挺拔，显示着顽强的生命力。

如今，树的周围已用矮围墙挡起来。古树盘根错节，树冠如莲似伞，直插云间。枝丫难以数清，树皮粗糙，似布满皱纹的老人脸，枝丫上挂满了村民祈福的红布条。银杏的基部又生长出多株小银杏，健壮的树干、翠绿的枝丫，早已与老银杏融为一体，宛如团结和谐的一家人。周围百姓喜欢用"七搂八拃"来形容这棵古树，意思是说这棵树很粗，即便 7 个人手拉手抱着，还余出 8 拃长。

当年古银杏的枝丫，最长的一根曾伸到 10 多米外，遮天蔽日，因为前些年台风，它的枝丫折断了不少，包括最大的一根。以前，每到夏天，很多人便卷着凉席，到树下睡午觉；夜晚，老老少少的村民便集中在银杏树下，聊天乘凉。

春天，这棵古银杏绽出簇簇新叶，生机盎然；盛夏，树叶茂盛，满目葱翠，是纳凉的好地方；秋季，一树金灿，满树尽带黄金甲，最是美丽；严冬，树叶虽已渐落，仍迎风傲雪守护着大珠山，别有一番风情。

滨海街道凤凰村银杏，树龄 490 年

滨海街道峡沟村圆柏，树龄410年

　　峡沟村附近有2处隋代石窟，是原胶南大珠山隋唐时期人工开凿的99处石窟中仅存的3处中的2处，具有极高的宗教文化研究价值。峡沟村原有寺庵一座，圆柏栽植于庵内，后寺庵被拆，仅剩古树。石窟与古树相得益彰，记载了古文化在当地曾经的繁荣，对发展当地旅游具有不可估量的价值。

墨城庵村是一个地处山坳的小村庄，这里因绿树环绕、花果飘香、民居古朴、石径通幽，被称为"世外桃源"。据说村里原本有一座庵，叫作"墨禅庵"，但因年代久远而无从考证，可村庄的名字确是由此演化而来。青岛市唯一一株山楂古树，就隐藏在这世外桃源中，它犹如一个古朴典雅的盆景，尽显韵味。

铁山街道墨城庵村山楂，树龄 350 年

铁山街道上沟村国槐，树龄 360 年

据记载，上沟村于明洪武年间立村，这株槐树应该是立村时所植。上沟村历史悠久，人杰地灵，其所在的杨家山里是革命老区。

这株古槐凝聚了村里几代人的记忆，如今依旧枝繁叶茂，宛如一把巨伞，为上沟村遮风挡雨。近些年，随着乡村振兴的推进，古槐默默见证着沉寂多年的乡村产生的巨大变化。

位于宝山镇金沟村的这株圆柏有着 600 年树龄。据说，此处原来有座姑娘庙，庙前曾有很多圆柏树。然而，历经战乱洗礼，姑娘庙已尽毁，仅存这一株伤痕累累的圆柏，在寒来暑往中，迎朝云送晚霞、守日月候星辰。

圆柏中部树干已有断裂和中空，远远望去，就像是古树的伤疤。据村民说，这块"伤疤"是当年抗日战争时留下来的。600 多年间，古树历经一次次劫难，虽留下累累伤痕，但依然顽强地生存着。

宝山镇金沟村圆柏，树龄 600 年

宝山镇金岭村银杏（两株），树龄 500 年

金岭村的这两株银杏古树，远看犹如一古桩盆景，苍遒而有力。近看两株大树中间还拥着一株小树，仿似"一家三口"。村民们称其为"夫妻育子树"，寓意合家欢。

村里人极为爱惜这三株银杏，如今三株银杏长势旺盛，每到秋天，古树还能挂果上百斤。

宝山镇向阳村，是一个备受历史青睐的村庄。4000 年前，龙山文化走过了这里，留下了向阳遗址；500 年前，历史再次踏过这里，留下了一株银杏古树；历史悠悠，直至明初，这里又建了一座关帝庙。时至今日，关帝庙早已衰败，原关帝庙后院的这株银杏古树依然伫立村中，静观岁月变幻，见证着向阳村的前世与今生。

宝山镇向阳村银杏，树龄 500 年

宝山镇瓦屋大庄村银杏，树龄 500 年

宝山镇白家屯村银杏，树龄 500 年

宝山镇胡家村银杏，树龄 300 年

宝山镇吕家村银杏，树龄 400 年

宝山镇东宅科村银杏，树龄 300 年

宝山镇东山前村银杏，树龄 370 年

宝山镇小张八村银杏，树龄 600 年

王台镇石梁杨村银杏，树龄 500 年

石梁杨村，位于王台镇驻地以东 1 千米处。据传，明洪武年间（1368—1398 年），杨姓人从云南迁此立村，因坐落石梁河旁，故名石梁杨。石梁杨建村之前，就有一座不知存在多少年的庙宇（还有一说是尼姑庵或道观），寺庙僧众很多，建筑规模也非常大。庙中有许多巨大的碾盘石磨，免费提供给附近村民用来磨粮食。后来寺庙逐渐衰败，最后一部分残迹也在"文化大革命"时期损毁，仅存寺庙僧人当年栽下的银杏树。

2021 年，青岛市园林和林业局在复壮古树的同时，建立了一个口袋公园，使古树重新焕发出活力。口袋公园也成为村民休闲纳凉的好去处。

2022 年，经科学技术鉴定，这株银杏树龄约为 515 年。

六汪镇吕家大庄村银杏，树龄 370 年

六汪镇花沟村银杏，树龄 300 年

六汪镇屯里集村银杏，树龄 320 年

六汪镇屯里集村国槐，树龄 300 年

六汪镇山周村国槐，树龄 370 年

六汪镇不过涧村国槐，树龄 330 年

六汪镇西官庄村国槐，树龄 300 年

据记载，明永乐二年（1404 年），崔姓家族从江苏海州迁此立村，因此处有兵寨，故名崔家寨。民国时以村中小河为界，分为四个村，该村位于小河北，故名北寨村。

对于村民来说，村中这株银杏树历史悠久，地位非凡，承载着一代代人的乡愁记忆。据村民介绍，银杏树旁曾经有一个庙，树是庙内人员栽植，很多人不远万里来此祈福。但近年来古树日渐衰弱，叶片枯黄，奄奄一息。

2023 年，结合公园城市建设工作，青岛市园林和林业局在对古树复壮的基础上建设了古树公园，以树木本体和生境整体保护的模式，让古树焕发出新的活力，继续守护着这片土地的"绿色乡愁"。

张家楼北寨村银杏，树龄 500 年

张家楼东马家庄村国槐（两株），树龄 320 年、370 年

大村镇东龙古村柘树，树龄 380 年

大村镇小石岭村国槐，树龄 300 年

大村镇管家村银杏，树龄 360 年

传说，很久之前有位风水先生为寻找风水宝地来到了双庙村，当他发现了这里的青龙后，便试图修葺两座庙来压住青龙，并撒下一颗白果种子，这颗种子种下之后生根发芽长成一棵大树，灵气随之越长越旺。

后来，一大户人家孩子生病，便在白果树下祈愿，孩子得到了庇护从此康健无灾。就这样，一传十，十传百，越传越远，这棵白果树的灵气远近闻名。直到现在新婚夫妇或者体质弱的孩子的家长，都会来此树下挂红以求幸福健康。

大村镇双庙村银杏，树龄 500 年

田庄村位于藏马山西部，白马河东侧，三面环河，一面靠山。该村历史悠久，元代前居民因皆系田姓，故村名为田庄，元末因战乱田姓人绝，村废。

明初王远一家由江苏海州迁来，在此立村，逐步发展成人口众多的大村。该古树由村内祖上栽植，至今根深叶茂。

大村镇田庄村银杏，树龄 500 年

泊里镇蟠龙庵村银杏，树龄 300 年

蟠龙庵村，原有古庵一座，原址即在古银杏树旁，有尼姑在庵内修行。蟠龙庵村名即由古庵而来，历史上这里香火旺盛，是远近闻名的祈福胜地。后来由于种种原因，庵观衰败，被佛家接管改为寺院。明朝至清朝前期，该寺院的规模达到鼎盛。古树就是寺院内的僧人栽植。清雍乾时期，寺院管理混乱，部分土地被寺院住持廉价卖给周围村庄，因而不断有人口迁移到此，村庄规模越来越大。清嘉庆年间，寺院逐渐走向衰败。

蟠龙古庵闻名于世，不仅因为其旺盛的香火，更缘于这里是茂腔名剧《罗衫记》的关键场所。《罗衫记》作为茂腔的传统经典剧目，至今仍广泛传唱，久演不衰。

泊里镇东港城华府小区银杏，树龄 300 年

明末，泊里红石村的木匠陈辉和塔山店子村的铁匠刘玉迁此立村，因村里有一座雹泉庙，故名雹泉庙村。

雹泉庙建于明代，最初是僧人管理，后几经转手，到清末转由道士接管。相传庙中有亭，乾隆微服私访时在亭中休息，当地百姓称此亭为"歇马亭"。据最后一任看庙道士郭公祥老人讲述，到清末，雹泉庙还存有八间大殿和两棵银杏树。解放战争时期，因年久失修和驻军等原因，庙宇逐渐坍圮，现在仅剩那两株老银杏树了。一株植于明嘉靖年间，另一株植于清顺治年间。几百年来，两株银杏古树历经风雨依旧枝繁叶茂，给村民以荫蔽。

古树、古庙，在一代代雹泉庙村人心中，留下了深深的印记。雹泉庙的故事凭着村中老人的记忆口口相传，一条条红丝带寄托着村民的祈愿。

大场镇雹泉庙村银杏，树龄 350 年

据村民介绍，井戈庄村的这株银杏树下曾有座不大的关帝庙，是一座四合院式的建筑，其建设年代已难考究，银杏树则位于院子当中。

新中国成立前，关帝庙里面一直住着道士。新中国成立后，关帝庙被拆除，银杏树下成了一片沙草地，村民们劳作休息时常来这里乘凉。如今，古老的银杏树如同慈祥的老人一般静静地矗立在那里，细看着这片土地数百年的光阴，沉淀着道不尽的岁月沧桑。

大场镇井戈庄村银杏，树龄 600 年

大场镇后河岔村银杏，树龄 350 年

灵山岛毛家沟村黄杨，树龄 500 年

灵山岛沙嘴子村朴树，树龄 600 年

灵山岛李家村朴树，树龄 500 年

城阳区

序号	挂牌号	树种	估测树龄（年）	树高（米）	胸（地）围（厘米）	平均冠幅（米）	具体生长地点	类别
					城阳区一、二级保护古树名录			
1	37021400001	银杏	1600	23	470	21	城阳区夏庄街道法海寺	一级古树
2	37021410001	槐	350	10	320	12	城阳区城阳街道小寨子宝龙东小区	二级古树
3	37021410002	槐	340	14	310	14	城阳区夏庄街道西宅子头村	二级古树
4	37021410003	槐	410	11	390	11	城阳区夏庄街道王家曹村	二级古树
5	37021410004	槐	340	11	310	15	城阳区夏庄街道马家台杏杭小区	二级古树
6	37021410005	槐	340	16	300	15	城阳区夏庄街道马家台杏杭小区	二级古树
7	37021410006	槐	320	15	198	11	城阳区夏庄街道法海寺外（东株）	二级古树
8	37021410007	槐	320	15	182	11	城阳区夏庄街道法海寺外（西株）	二级古树
9	37021410008	银杏	380	23	370	16	城阳区夏庄街道法海寺门外	二级古树
10	37021410009	赤松	340	6	220	13	城阳区夏庄街道上峪峧社区崔家涧	二级古树
11	37021410010	槐	360	12	350	13	城阳区夏庄街道李家沙沟村	二级古树
12	37021410011	槐	300	11	336	14	城阳区夏庄街道前古镇村	二级古树

据传法海寺始建于北魏武帝年间（424—452年），是青岛市最古老的佛教寺院之一，位于石门山西麓城阳区夏庄街道办事处源头社区东，因纪念创建该寺的第一代方丈法海大师而得名。

法海寺分前、后两院，前院建大雄宝殿五间，殿前两侧有着两株银杏，寺院门前亦有一株。院内的两株银杏一雌一雄，雄株有着 1600 年的树龄，雌株应该是原来对植的银杏其中一株死亡后又补植的。每到秋天，银杏树上下满是金黄，飘落的银杏叶铺就一层绒绒的碎金。踩着满地金黄的落叶，行走在古朴宁静的寺院，沐浴着暖暖的午后阳光，那景色真是妙不可言。

法海寺内银杏，树龄 1600 年

法海寺外银杏，树龄 380 年

法海寺外国槐（两株），树龄320年

夏庄街道马家台杏杭小区国槐（两株），树龄 340 年

夏庄街道李家沙沟村国槐，树龄 360 年

夏庄街道前古镇村国槐，树龄 300 年

夏庄街道王家曹村国槐，树龄 410 年

夏庄街道西宅子头村国槐，树龄 340 年

城阳街道小寨子宝龙东小区国槐，树龄 350 年

位于夏庄街道崔家涧（亦有曲家涧之称）的雌雄两株赤松，是目前崂山地区存活时间最长的松树，被当地人称为长寿松。

据传，明万历年间（1572—1620年），一曲姓夫妇迁至此地落户，见山上光秃荒芜，便栽下松树两株，数年后发生火灾，松树被烧，但第二年松树竟奇迹般萌芽复活，当年秋分结满松球，繁衍出许多小松树。当地人讲，岠峄山现在的大片松树都是它们的后代。

明崇祯年间（1628—1644年），工部右侍郎高宏图、崂山仙人胡峄阳，都对长寿松有翔实的记载。两株松树宛如一对缠缠绵绵的恋人，相依相偎在山水天地间，历经几百年的风雨，仍郁郁葱葱。当地人为纪念栽植长寿松的两位老人，又叫长寿松为夫妻松，据说只要到长寿松前抚摸几下就能长寿。

夏庄街道崔家涧赤松，树龄340年

即墨区

序号	挂牌号	树种	估测树龄（年）	树高（米）	胸（地）围（厘米）	平均冠幅（米）	具体生长地点	类别
					即墨区一、二级保护古树名录			
1	37021500001	柘树	600	8	200	10	即墨区移风店镇沙埠村	一级古树
2	37021500002	柘树	500	7	186	10	即墨区移风店镇沙埠村	一级古树
3	37021500003	柘树	500	7	186	10	即墨区移风店镇沙埠村	一级古树
4	37021500004	柘树	500	7.1	186	10	即墨区移风店镇沙埠村	一级古树
5	37021500005	酸枣	500	9	150	8	即墨区移风店镇赵家村	一级古树
6	37021500006	酸枣	500	9	150	7	即墨区移风店镇赵家村	一级古树
7	37021500007	银杏	600	18	426	8	即墨区段泊岚镇刘五村	一级古树
8	37021500008	银杏	600	13	400	10	即墨区大信街道潘家屯村	一级古树
9	37021500009	槐	600	7	428	13	即墨区龙山街道大留村	一级古树
10	37021500010	酸枣	500	7	100	7	即墨区金口镇杨家屯村	一级古树
11	37021500011	酸枣	500	7	100	4	即墨区金口镇杨家屯村	一级古树
12	37021500012	圆柏	500	7	295	12	即墨区温泉街道丁戈庄村四舍山大雁口	一级古树
13	37021500013	山茶	600	2.5	136	2	即墨区鳌山卫街道大管岛村	一级古树
14	37021510001	柘树	480	7	132	10	即墨区移风店镇沙埠村	二级古树
15	37021510002	槐	400	9	58	7	即墨区移风店镇东太祉庄村	二级古树
16	37021510003	槐	480	12	305	10	即墨区段泊岚镇后埠村	二级古树
17	37021510004	槐	480	8	310	9	即墨区大信街道抬头四村	二级古树
18	37021510005	槐	300	10	265	10	即墨区通济新经济区西元庄村弘泰苑小区内	二级古树
19	37021510006	银杏	340	13	390	14	即墨区龙泉街道后蒲渠店村	二级古树
20	37021510007	槐	320	10	302	11	即墨区龙山街道水蛟村小区内	二级古树
21	37021510008	槐	400	10	376	11	即墨区龙山街道石源村	二级古树
22	37021510009	槐	300	10	261	9	即墨区龙山街道窝洛子村	二级古树
23	37021510010	银杏	340	16	340	15	即墨区田横镇北芦村三官庙	二级古树
24	37021510011	银杏	340	8	390	8	即墨区田横后车家夼村	二级古树
25	37021510012	银杏	300	8	260	8	即墨区田横后车家夼村	二级古树
26	37021510013	银杏	480	23	365	16	即墨区鳌山卫街道孙家白庙村	二级古树
27	37021510014	山茶	400	2	85	2	即墨区鳌山卫街道大管岛村东岸	二级古树群
28	37021510015	山茶	350	2	80	2	即墨区鳌山卫街道大管岛村东岸	二级古树群
29	37021510016	山茶	450	4	135	4	即墨区鳌山卫街道大管岛村东岸	二级古树群

即墨区一、二级保护古树名录

序号	挂牌号	树种	估测树龄（年）	树高（米）	胸（地）围（厘米）	平均冠幅（米）	具体生长地点	类别
30	37021510017	山茶	450	3.2	75	2	即墨区鳌山卫街道大管岛村东岸	二级古树群
31	37021510018	山茶	450	3.2	75	2	即墨区鳌山卫街道大管岛村东岸	二级古树群
32	37021510019	山茶	450	3.2	75	2	即墨区鳌山卫街道大管岛村东岸	二级古树群
33	37021510020	山茶	450	3.2	75	2	即墨区鳌山卫街道大管岛村东岸	二级古树群
34	37021510021	山茶	450	3.2	75	2	即墨区鳌山卫街道大管岛村东岸	二级古树群
35	37021510022	山茶	450	3.2	75	2	即墨区鳌山卫街道大管岛村东岸	二级古树群
36	37021510023	山茶	490	3.5	66	3	即墨区鳌山卫街道大管岛村东岸	二级古树群
37	37021510024	山茶	490	3.5	62	3	即墨区鳌山卫街道大管岛村东岸	二级古树群
38	37021510025	山茶	400	3.5	32	3	即墨区鳌山卫街道大管岛村东岸	二级古树群
39	37021510026	山茶	400	3.5	47	3	即墨区鳌山卫街道大管岛村东岸	二级古树群
40	37021510027	山茶	490	3.5	60	3	即墨区鳌山卫街道大管岛村东岸	二级古树群
41	37021510028	山茶	400	3.5	45	3	即墨区鳌山卫街道大管岛村东岸	二级古树群
42	37021510029	山茶	400	3.5	45	3	即墨区鳌山卫街道大管岛村东岸	二级古树群
43	37021510030	山茶	400	3.5	45	3	即墨区鳌山卫街道大管岛村东岸	二级古树群
44	37021510031	山茶	400	3.5	45	3	即墨区鳌山卫街道大管岛村东岸	二级古树群
45	37021510032	山茶	490	3.5	58	3	即墨区鳌山卫街道大管岛村东岸	二级古树群
46	37021510033	山茶	490	3.5	58	3	即墨区鳌山卫街道大管岛村东岸	二级古树群
47	37021510034	山茶	490	3.5	58	3	即墨区鳌山卫街道大管岛村东岸	二级古树群
48	37021510035	山茶	490	3.5	58	3	即墨区鳌山卫街道大管岛村东岸	二级古树群
49	37021510036	山茶	490	3.5	58	3	即墨区鳌山卫街道大管岛村东岸	二级古树群
50	37021510037	山茶	490	3.5	58	3	即墨区鳌山卫街道大管岛村东岸	二级古树群
51	37021510038	山茶	490	3.5	58	3	即墨区鳌山卫街道大管岛村东岸	二级古树群
52	37021510039	山茶	350	3	61	3	即墨区鳌山卫街道大管岛村东岸	二级古树群
53	37021510040	山茶	350	3	61	3	即墨区鳌山卫街道大管岛村东岸	二级古树群
54	37021510041	山茶	350	3	61	3	即墨区鳌山卫街道大管岛村东岸	二级古树群
55	37021510042	山茶	350	3	61	3	即墨区鳌山卫街道大管岛村东岸	二级古树群
56	37021510043	山茶	350	3	61	3	即墨区鳌山卫街道大管岛村东岸	二级古树群
57	37021510044	山茶	350	3	61	3	即墨区鳌山卫街道大管岛村东岸	二级古树群
58	37021510045	山茶	490	4	184	3	即墨区鳌山卫街道大管岛村西岸	二级古树群
59	37021510046	山茶	490	3	175	3	即墨区鳌山卫街道大管岛村西岸	二级古树群
60	37021510047	小叶朴	370	13.1	428	15	即墨区移风店镇黄戈庄村	二级古树
61	37021510048	槐	470	11.8	370	13	即墨区移风店镇徐家沟村	二级古树

序号	挂牌号	树种	估测树龄（年）	树高（米）	胸（地）围（厘米）	平均冠幅（米）	具体生长地点	类别
							即墨区一、二级保护古树名录	
62	37021510049	小叶朴	300	10.7	190	13	即墨区移风店镇黄戈庄村	二级古树
63	37021510050	槐	360	6	260	8	即墨区蓝村街道小桥村	二级古树
64	37021510051	槐	300	7.5	280	9	即墨区段泊岚镇大吕戈一村	二级古树
65	37021510052	槐	430	12.5	385	12	即墨区段泊岚镇叶家宅科村	二级古树
66	37021510053	槐	310	7.6	292	13	即墨区大信镇桃杭村	二级古树
67	37021510054	银杏	300	9	335	9	即墨区灵山街道索戈庄村	二级古树
68	37021510055	牡丹	310	1.2	丛生	2	即墨区北安街道长直院村	二级古树
69	37021510056	小叶朴	330	11.1	228	7	即墨区北安街道周集村	二级古树
70	37021510057	小叶朴	330	15	200	15	即墨区北安街道周集村	二级古树
71	37021510058	槐	300	8.5	280	8	即墨区北安街道朱家后戈庄村	二级古树
72	37021510059	槐	360	12	345	14	即墨区通济街道北龙湾村	二级古树
73	37021510060	槐	300	10.5	270	10	即墨区龙山街道石龙庄村	二级古树
74	37021510061	银杏	330	18	260	12	即墨区金口镇凤凰村	二级古树
75	37021510062	银杏	330	18	260	10	即墨区金口镇北迁村	二级古树
76	37021510063	石榴	300	5	150	3	即墨区田横镇山口村	二级古树
77	37021510064	圆柏	360	12	210	6.5	即墨区鳌山卫街道姜家白庙村	二级古树
78	37021510065	槐	330	11.6	213	10	即墨区鳌山卫街道孙家白庙村	二级古树
79	37021510066	槐	330	7.2	320	10	即墨区鳌山卫街道新河庄村	二级古树

北安街道周集村小叶朴（两株），树龄 330 年

北安街道长直院村牡丹，树龄 310 年

北安街道朱家后戈庄村国槐，树龄 300 年

通济新经济区西元庄村国槐，树龄 300 年

通济街道北龙湾村国槐，树龄 360 年

龙山街道大留村国槐，树龄 600 年

龙山街道石龙庄村国槐，树龄 300 年

龙山街道窝洛子村国槐，树龄 600 年

龙山街道水蛟村国槐，树龄 320 年

龙山街道石源村国槐，树龄 400 年

温泉街道丁戈庄圆柏，树龄 500 年

　　这株圆柏相传是明弘治年间（1488—1505年），丁戈庄李氏族人在祖坟前栽植的，至今已有 500 多年的历史。李氏族人之所以要在祖坟种植柏树，是因为一个民间传说。传说在古代有一种名为"魍魉"的猛兽，凶猛异常，常在夜间出没，盗掘坟墓，啃食尸体。据说此兽害怕两样东西，一是老虎，二是柏树。李氏族人为了逝去的先人免遭"魍魉"的侵害，便在坟前种植了数棵圆柏，但后来只有一棵存活下来，成为今天的参天古树。古树古朴苍劲，枝条盘曲，柏叶森森，气宏形伟，蔚为壮观。

龙泉街道后蒲渠店村银杏，树龄 340 年　　　　　灵山街道索戈庄村银杏，树龄 300 年

鳌山卫街道孙家白庙村银杏，树龄 480 年

鳌山卫街道孙家白庙村国槐，树龄 330 年

鳌山卫街道新河庄村国槐，树龄 330 年

鳌山卫街道姜家白庙村圆柏，树龄 360 年

鳌山卫街道大管岛村山茶古树群（34株），树龄350～600年

大管岛位于鳌山卫街道东南，距离鳌山港码头5.5千米，全岛总面积0.58平方千米，最高点海拔100米，大管岛因有耐冬古树而闻名。据《聊斋志异》记载，东南古迹岛有五色耐冬花，四时不调，而岛上古无居人，人亦罕到之。这个有耐冬的岛即是大管岛。

经考证，大管岛耐冬系原生性古耐冬树群，是鸟群迁徙传播形成的。大管岛上耐冬树繁茂异常，目前共有特大耐冬树34株，最大树龄600余年，形如巨伞，堪称"耐冬之王"。

传说耐冬是"海神娘娘"的吉祥花，可以保佑岛上渔民出海平安，鱼虾满舱，所以岛上居民每逢春节有燃香请回耐冬枝供奉的习俗。岛上另有一种植物，渔民称为海枣树（胡颓子），与耐冬紧邻旁生，相互依赖生长。

潘家屯，地势东南至西北凸起，长约 1500 米，呈岭状，这株银杏树正栽在岭的中心位置。据村里老人介绍，在明永乐年间（1403—1424 年）有一苟姓人家在此居住且有三间小庙，当时在庙的门口栽有两株银杏树。至明朝万历年间（1573—1620 年），先祖潘昇在鳌山卫任百户职时，奉命在此屯兵种地以供军需，从此有了潘家屯村。清康熙三十七年（1698 年），先祖们又重新修建了庙宇。由于当时修庙时工程量大，木材紧缺，便采伐了其中一株银杏树，剩下这株一直保留至今。

一株古树是一份情怀，这株银杏古树 600 年来在这片土地上见证着潘家屯村子孙的繁衍生息。它根深叶茂、挺拔高大的身躯也昭示着潘家屯村的兴旺发达。相信在广大村民的保护下这株银杏一定会更加茂盛。

大信街道潘家屯村银杏，树龄 600 年

大信街道抬头四村国槐，树龄 480 年

大信街道桃杭村国槐，树龄 310 年

段泊岚镇刘五村银杏，树龄 600 年

段泊岚镇后埠村国槐，树龄 480 年

段泊岚镇大吕戈一村国槐，树龄 300 年

段泊岚镇叶家宅科村国槐，树龄 430 年

移风店镇沙埠村柘树（5株）
树龄600年、500年、500年、
500年、480年

位于移风店镇的赵家村与张家村相邻，据当地村民介绍，赵家村的两株酸枣是张家村的"唐太宗挂甲树"（树龄1500多年）繁殖来的。可能是鸟类衔了"挂甲树"的种子落于此地萌发而生；也可能是村民因为信奉"挂甲树"，在邻村又栽植了两株"挂甲树"萌发的小酸枣苗。因为年代久远，该村村民一直非常敬畏这两株酸枣古树。如今"挂甲树"由于感染了枣疯病而死亡，这两株酸枣也因枣疯病而影响了生长。虽然有关部门一直在救治，但效果甚微。

移风店镇赵家村酸枣（两株），树龄500年

移风店镇黄戈庄村小叶朴（两株），树龄 370 年、300 年

移风店镇徐家沟村国槐，树龄 470 年

移风店镇东太祉庄村国槐，树龄 400 年

关于金口镇杨家屯村的这两株酸枣树，有这样一个传说。很久以前，云南的杨仪和柳叶夫妻来到青岛即墨金家口（现为金口村）。两人在金家口定居两年后，杨氏生下一女，取名春花。春花自幼聪明伶俐，颇受宠爱，被杨家夫妻视为掌上明珠。6岁时随父上山挖野菜，春花认识了南村（现周家屯）周家的放羊娃黑子。黑子是穷人家的孩子，自小朴实善良，乐于助人。两人日久生情，并约定终身。

日月如梭，转眼春花到了出嫁的年龄。金口村有名的媒婆于氏慕名而来，对杨仪、柳叶说，周家历代出海捕鱼，家有万贯财产，一辈子用不完，夫妻二人便答应将春花嫁与周家儿子。结婚这天，周家抬着八抬大轿迎娶春花，却不见新娘春花。原来春花听说，周家儿子横行霸道，便与黑子一起自杀身亡。杨仪和柳叶后悔不已。为了成全黑子与春花这对恋人，双方父母将他俩埋葬在土地庙前。不久，埋葬黑子与春花的地方长出了两株酸枣树，年复一年，酸枣树枝叶繁茂，开花结果，携手并肩，走过一个个春夏秋冬。

金口镇杨家屯村酸枣（两株），树龄500年

金口镇凤凰村（左）、北迁村（右）银杏，树龄 330 年

蓝村镇小桥村国槐，树龄 360 年

田横镇后车家乔村银杏（两株），树龄 340 年、300 年

田横镇北芦村银杏，树龄 340 年

田横镇山口村石榴，树龄 300 年

胶州市

<table>
<tr><th colspan="9">胶州市一、二级保护古树名录</th></tr>
<tr><th>序号</th><th>挂牌号</th><th>树种</th><th>估测树龄
（年）</th><th>树高
（米）</th><th>胸（地）围
（厘米）</th><th>平均冠幅
（米）</th><th>具体生长地点</th><th>类别</th></tr>
<tr><td>1</td><td>37028100001</td><td>银杏</td><td>1300</td><td>30</td><td>800</td><td>22</td><td>胶州市胶东街道大店村</td><td>一级古树</td></tr>
<tr><td>2</td><td>37028100002</td><td>银杏</td><td>1300</td><td>30</td><td>800</td><td>21</td><td>胶州市胶东街道大店村</td><td>一级古树</td></tr>
<tr><td>3</td><td>37028100003</td><td>银杏</td><td>1100</td><td>19.3</td><td>570</td><td>18.6</td><td>胶州市胶西街道寺前村敬老院</td><td>一级古树</td></tr>
<tr><td>4</td><td>37028100004</td><td>侧柏</td><td>500</td><td>9</td><td>236</td><td>6</td><td>胶州市胶西街道大邹家沟村</td><td>一级古树</td></tr>
<tr><td>5</td><td>37028100005</td><td>侧柏</td><td>500</td><td>9</td><td>236</td><td>6</td><td>胶州市胶西街道大邹家沟村</td><td>一级古树</td></tr>
<tr><td>6</td><td>37028100006</td><td>圆柏</td><td>500</td><td>12.8</td><td>279</td><td>4</td><td>胶州市胶西街道东马戈庄村</td><td>一级古树</td></tr>
<tr><td>7</td><td>37028110001</td><td>槐</td><td>460</td><td>7.1</td><td>160</td><td>10</td><td>胶州市阜安街道太平地社区</td><td>二级古树</td></tr>
<tr><td>8</td><td>37028110002</td><td>槐</td><td>310</td><td>5.6</td><td>230</td><td>10</td><td>胶州市三里河街道七里河村</td><td>二级古树</td></tr>
<tr><td>9</td><td>37028110003</td><td>槐</td><td>320</td><td>4.5</td><td>190</td><td>5</td><td>胶州市九龙街道同心村</td><td>二级古树</td></tr>
<tr><td>10</td><td>37028110004</td><td>槐</td><td>300</td><td>8</td><td>260</td><td>11</td><td>胶州市九龙街道西宋家茔村</td><td>二级古树</td></tr>
<tr><td>11</td><td>37028110005</td><td>槐</td><td>310</td><td>6.5</td><td>230</td><td>9</td><td>胶州市九龙街道大荒村</td><td>二级古树</td></tr>
<tr><td>12</td><td>37028110006</td><td>槐</td><td>310</td><td>9.7</td><td>340</td><td>14</td><td>胶州市胶东街道北堤子村</td><td>二级古树</td></tr>
<tr><td>13</td><td>37028110007</td><td>槐</td><td>310</td><td>9.7</td><td>297</td><td>10</td><td>胶州市胶北街道前寨村</td><td>二级古树</td></tr>
<tr><td>14</td><td>37028110008</td><td>银杏</td><td>420</td><td>6.5</td><td>280</td><td>10</td><td>胶州市胶西街道大行二村</td><td>二级古树</td></tr>
<tr><td>15</td><td>37028110009</td><td>侧柏</td><td>350</td><td>9</td><td>200</td><td>6.4</td><td>胶州市胶西街道大邹家沟村</td><td>二级古树</td></tr>
<tr><td>16</td><td>37028110010</td><td>槐</td><td>410</td><td>6.7</td><td>295</td><td>10</td><td>胶州市胶莱街道栗园村</td><td>二级古树</td></tr>
<tr><td>17</td><td>37028110011</td><td>槐</td><td>310</td><td>9.1</td><td>260</td><td>14</td><td>胶州市李哥庄镇大屯一村</td><td>二级古树</td></tr>
<tr><td>18</td><td>37028110012</td><td>侧柏</td><td>370</td><td>6.7</td><td>170</td><td>6</td><td>胶州市铺集镇河北村</td><td>二级古树</td></tr>
<tr><td>19</td><td>37028110013</td><td>槐</td><td>300</td><td>7.3</td><td>290</td><td>6</td><td>胶州市铺集镇后岳村</td><td>二级古树</td></tr>
<tr><td>20</td><td>37028110014</td><td>槐</td><td>320</td><td>13.1</td><td>314</td><td>9</td><td>胶州市铺集镇大屯村</td><td>二级古树</td></tr>
<tr><td>21</td><td>37028110015</td><td>槐</td><td>320</td><td>8.6</td><td>300</td><td>8</td><td>胶州市里岔镇刘辛庄村</td><td>二级古树</td></tr>
<tr><td>22</td><td>37028110016</td><td>槐</td><td>310</td><td>6.8</td><td>295</td><td>8</td><td>胶州市里岔镇史家屯村</td><td>二级古树</td></tr>
<tr><td>23</td><td>37028110017</td><td>槐</td><td>390</td><td>4.4</td><td>240</td><td>7</td><td>胶州市里岔镇曲家庄村</td><td>二级古树</td></tr>
<tr><td>24</td><td>37028110018</td><td>槐</td><td>390</td><td>4.7</td><td>220</td><td>8</td><td>胶州市里岔镇西张应村</td><td>二级古树</td></tr>
<tr><td>25</td><td>37028110019</td><td>侧柏</td><td>300</td><td>8</td><td>120</td><td>4</td><td>胶州市里岔镇大孟慈村古树公园</td><td>二级古树群</td></tr>
<tr><td>26</td><td>37028110020</td><td>侧柏</td><td>300</td><td>8</td><td>97</td><td>4</td><td>胶州市里岔镇大孟慈村古树公园</td><td>二级古树群</td></tr>
<tr><td>27</td><td>37028110021</td><td>侧柏</td><td>300</td><td>8</td><td>110</td><td>4</td><td>胶州市里岔镇大孟慈村古树公园</td><td>二级古树群</td></tr>
<tr><td>28</td><td>37028110022</td><td>侧柏</td><td>300</td><td>8</td><td>100</td><td>4</td><td>胶州市里岔镇大孟慈村古树公园</td><td>二级古树群</td></tr>
<tr><td>29</td><td>37028110023</td><td>侧柏</td><td>300</td><td>8</td><td>100</td><td>4</td><td>胶州市里岔镇大孟慈村古树公园</td><td>二级古树群</td></tr>
<tr><td>30</td><td>37028110024</td><td>侧柏</td><td>300</td><td>8</td><td>97</td><td>4</td><td>胶州市里岔镇大孟慈村古树公园</td><td>二级古树群</td></tr>
</table>

续表

序号	挂牌号	树种	估测树龄（年）	树高（米）	胸（地）围（厘米）	平均冠幅（米）	具体生长地点	类别
31	37028110025	侧柏	300	8	98	4	胶州市里岔镇大孟慈村古树公园	二级古树群
32	37028110026	侧柏	300	8	87	4	胶州市里岔镇大孟慈村古树公园	二级古树群
33	37028110027	侧柏	300	8	99	4	胶州市里岔镇大孟慈村古树公园	二级古树群
34	37028110028	侧柏	300	8	93	4	胶州市里岔镇大孟慈村古树公园	二级古树群
35	37028110029	侧柏	300	8	81	4	胶州市里岔镇大孟慈村古树公园	二级古树群
36	37028110030	侧柏	300	8	125	4	胶州市里岔镇大孟慈村古树公园	二级古树群
37	37028110031	侧柏	300	8	85	4	胶州市里岔镇大孟慈村古树公园	二级古树群
38	37028110032	侧柏	300	8	135	4	胶州市里岔镇大孟慈村古树公园	二级古树群
39	37028110033	侧柏	300	8	135	4	胶州市里岔镇大孟慈村古树公园	二级古树群
40	37028110034	侧柏	300	8	120	4	胶州市里岔镇大孟慈村古树公园	二级古树群
41	37028110035	侧柏	300	8	125	4	胶州市里岔镇大孟慈村古树公园	二级古树群
42	37028110036	侧柏	300	8	95	4	胶州市里岔镇大孟慈村古树公园	二级古树群
43	37028110037	侧柏	300	8	117	4	胶州市里岔镇大孟慈村古树公园	二级古树群
44	37028110038	侧柏	300	8	97	4	胶州市里岔镇大孟慈村古树公园	二级古树群
45	37028110039	侧柏	300	8	117	4	胶州市里岔镇大孟慈村古树公园	二级古树群
46	37028110040	侧柏	300	8	100	4	胶州市里岔镇大孟慈村古树公园	二级古树群
47	37028110041	侧柏	300	8	93	4	胶州市里岔镇大孟慈村古树公园	二级古树群
48	37028110042	侧柏	300	8.2	117	4	胶州市里岔镇大孟慈村古树公园	二级古树群
49	37028110043	侧柏	300	8	110	4	胶州市里岔镇大孟慈村古树公园	二级古树群
50	37028110044	侧柏	300	8.2	121	4	胶州市里岔镇大孟慈村古树公园	二级古树群
51	37028110045	侧柏	300	8	90	4	胶州市里岔镇大孟慈村古树公园	二级古树群
52	37028110046	银杏	400	14.8	355	7.3	胶州市里岔镇南楼村	二级古树
53	37028110047	银杏	400	14.8	355	7.3	胶州市里岔镇南楼村	二级古树
54	37028110048	槐	310	7	220	9	胶州市洋河镇战家村	二级古树
55	37028110049	槐	320	10	320	9	胶州市洋河镇房家村	二级古树
56	37028110050	槐	420	5	300	6	胶州市洋河镇崔家小庄村	二级古树
57	37028110051	槐	420	8	260	11	胶州市洋河镇董城村	二级古树

阜安街道太平地国槐，树龄 460 年

三里河街道七里河村国槐，树龄 310 年

九龙街道大荒村国槐，树龄 310 年

九龙街道同心村国槐，树龄 320 年

九龙街道西宋家茔村国槐，树龄 300 年

胶东街道大店村银杏（两株），树龄 1300 年

据当地姜氏族人讲述，姜氏于明朝天顺年间（1457—1464 年）徙居来此，迄今 500 余年，当时即有太平寺。据考，太平寺兴建于隋唐，寺内有银杏树两株，分列于通往佛殿之甬道左右，迎门争茂，矗立参天，如丁把守，巍巍壮观。

两树全貌相同，颇有孪生之态。及至成树，枝节相互穿插，你中有我，我中有你，又显连理之情。这两株银杏树的树杈上，几乎同时分别长出了一桑一槐，其中西株生桑，东株生槐。树生树，权分权，实属奇观。

20 世纪 40 年代太平寺被拆，银杏树因管理不善，日趋枯衰。50 年代寺址改为学校，银杏树得到政府和师生们的爱护，始而枯木逢春。如今经过古树专家的科学复壮与养护，两株银杏已是枝繁叶茂，蔽日遮天。

胶东街道北堤子村国槐，树龄 310 年

胶北街道前寨村国槐，树龄 310 年

胶西街道东马戈庄村圆柏，树龄 500 年

胶西街道大邻家沟村侧柏（3 株），树龄 500 年、500 年、350 年

寺前村敬老院，即胶州千年名寺——杜村宝塔寺遗址所在，院里有一株千年银杏古树，枝繁叶茂，婆娑如盖。

宝塔寺始建于 1500 多年前佛教盛行的南北朝时期，原建于明山岭上，唐初迁至现银杏树处。如今古寺已不在。

这株银杏古树，苍老遒劲，根部分生出若干银杏小树，整齐有序。母体、子体同根而生，枝结连理，各具风景，又成为一体，状如栩栩如生的母子嬉戏同乐图，因而此树又被称为"八子绕母"。每年秋天，树上总是会结满累累果实，寓意着"多子多福"。

胶西街道寺前村银杏，树龄 1100 年

胶西街道大行二村银杏，树龄 420 年

胶莱街道栗园村国槐，树龄 410 年

李哥庄镇大屯一村国槐，树龄 310 年

铺集镇大屯村国槐，树龄 320 年

铺集镇后岳村国槐，树龄 300 年

铺集镇河北村侧柏，树龄 370 年

位于里岔镇南楼村村前的这两株银杏，树龄约为400年，雌雄各一，被称为"夫妻树"。因这两株银杏形态奇特，极具观赏价值，吸引着众多文人墨客前来游览观赏。清末文人崔成德（字润轩）为记此树曾写道："昔年于吴家闲翻藏经，偶得杨家庄（南楼）庙志一书。方知白果树乃珠山东园道人所植。原文略曰：此道君于明成祖四年春二月携白果树雌雄两株，高不足四尺，粗寸余，植入庄南千尺遥，地名九龙口处，明成祖五年春三月造老君香火堂三间释心养性。后十年列入仙班，今与张公丕华谈此树之龄，推之距今已有五百余年。为解乡人之谜，觅诗一首望公雅正，敬博一笑。"并赋诗一首："清明佳节逢三三，俗人都说过神仙。天明气朗含醉后，但见白果艳阳天。乾坤并立堪伴侣，日月齐眉共团圆。问君哪个知其岁，春风秋雨五百年。"

2022年，青岛市园林和林业局利用科学手段对这两株银杏做了树龄测定。经测定，两株古树的树龄均约为400年。

里岔镇南楼村银杏（两株），树龄400年

里岔镇刘辛庄村国槐，树龄 320 年

里岔镇曲家庄村国槐，树龄 390 年

里岔镇史家庄村国槐，树龄 310 年

里岔镇西张应村国槐，树龄 390 年

传说大孟慈村建于明洪武年间（1368—1398年），孟姓从河南汝南县迁至掖县，后移至此立村。此处村南二阜如"廿"。站在岭上往下看，两条小溪蜿蜒如"幺"字向中心合拢，联想"慈"字，地形加字意，冠以姓氏，命名为村名，以示慈祥。后来周姓迁入，生有四子：周庆、周加、周方、周石。周石发迹，为怀念祖辈，在祖辈墓地旁买地20余亩，作为周姓墓地，并栽植柏树1000株。20世纪50年代墓地被平，柏树被伐，现存活27株。1991年，该村建立花墙以围起保护柏树，称为"柏园"。

里岔镇大孟慈村侧柏古树群（27株），树龄300年

洋河镇崔家小庄国槐，树龄 420 年

洋河镇董城村国槐，树龄 420 年

洋河镇房家村国槐，树龄 320 年

洋河镇战家村国槐，树龄 310 年

平度市

							平度市一、二级保护古树名录	
序号	挂牌号	树种	估测树龄（年）	树高（米）	胸（地）围（厘米）	平均冠幅（米）	具体生长地点	类别
1	37028300001	槐	500	16.5	425	13	平度市东阁街道乔家村	一级古树
2	37028300002	银杏	2000	20.5	560	16	平度市东阁街道博物馆	一级古树
3	37028300003	槐	600	13	461	8	平度市东阁街道崔召村	一级古树
4	37028300004	槐	600	5.1	430	12	平度市仁兆镇南沙窝村	一级古树
5	37028300005	槐	800	12	430	8	平度市南村镇南朱家庄村	一级古树
6	37028300006	黄连木	500	21	570	23	平度市旧店镇九里夼村	一级古树
7	37028300007	槐	800	7	491	8	平度市旧店镇东孟村	一级古树
8	37028300008	银杏	500	19	583	15	平度市云山镇新庄疃村	一级古树
9	37028310001	槐	300	10.2	310	11	平度市李园街道窦家疃村	二级古树
10	37028310002	槐	300	7.1	278	11	平度市李园街道坦埠村	二级古树
11	37028310003	槐	300	10.5	260	11	平度市李园街道东南疃村	二级古树
12	37028310004	槐	350	8.1	375	8	平度市白沙河街道巡寨村	二级古树
13	37028310005	槐	350	14	361	16	平度市南村镇瓦子丘村	二级古树
14	37028310006	酸枣	490	17	260	22	平度市蓼兰镇韩丘村	二级古树
15	37028310007	槐	350	8.6	375	16	平度市明村镇北张家村	二级古树
16	37028310008	槐	300	11	350	13	平度市明村镇明家店子村	二级古树
17	37028310009	槐	300	9.1	377	15	平度市店子镇黄哥庄村	二级古树
18	37028310010	槐	300	8.7	282	16	平度市大泽山镇秦姑庵村	二级古树
19	37028310011	板栗	300	6.1	332	7	平度市国有大泽山林场	二级古树
20	37028310012	槐	300	13	287	11	平度市仁兆镇大桑园村	二级古树
21	37028310013	槐	300	10.3	285	12	平度市白沙河街道西洼子村	二级古树
22	37028310014	银杏	350	21	397	20	平度市白沙河街道后沙戈庄村	二级古树
23	37028310015	槐	300	8.5	332	9	平度市凤台街道曲坊村	二级古树
24	37028310016	柘树	410	8.2	135	6	平度市同和街道李家庄村	二级古树
25	37028310017	槐	300	7	360	7	平度市同和街道李家庄村	二级古树
26	37028310018	槐	350	12	346	12	平度市东阁街道窝洛子村	二级古树
27	37028310019	圆柏	380	7.5	217	9	平度市东阁街道新北台村	二级古树
28	37028310020	圆柏	380	4	330	10	平度市东阁街道新北台村	二级古树
29	37028310021	槐	300	7.8	280	7	平度市东阁街道炉坊村	二级古树
30	37028310022	槐	300	8.5	277	10	平度市古岘镇姜格庄村	二级古树

序号	挂牌号	树种	估测树龄（年）	树高（米）	胸（地）围（厘米）	平均冠幅（米）	具体生长地点	类别
31	37028310023	朴树	350	18	530	21	平度市崔家集镇杜家村	二级古树
32	37028310024	柘树	450	7.2	212	12	平度市崔家集镇北高戈庄村	二级古树
33	37028310025	槐	300	15	286	12	平度市李园街道李子园村	二级古树
34	37028310026	槐	300	9	272	14	平度市李园街道李家市村	二级古树
35	37028310027	槐	300	9.6	273	14	平度市云山镇石柱洼村	二级古树
36	37028310028	槐	300	10.2	289	13	平度市明村镇小官寨村	二级古树
37	37028310029	槐	300	9	299	7	平度市明村镇小官寨村	二级古树
38	37028310030	槐	300	7.2	276	11	平度市明村镇前黄埠村	二级古树
39	37028310031	槐	300	7.7	289	12	平度市明村镇大岭村	二级古树
40	37028310032	槐	300	9.4	233	12	平度市明村镇后楼村	二级古树
41	37028310033	槐	300	10	244	12	平度市明村镇白里村	二级古树
42	37028310034	槐	300	9.6	245	10	平度市明村镇庄子村	二级古树
43	37028310035	槐	300	8	285	14	平度市田庄镇南坦坡村	二级古树
44	37028310036	酸枣	310	10.5	202	21	平度市田庄镇柘埠村	二级古树
45	37028310037	槐	300	9.9	254	15	平度市新河镇院后刘村	二级古树
46	37028310038	槐	300	13	248	11	平度市新河镇宿家村	二级古树
47	37028310039	槐	300	7.7	278	10	平度市旧店镇山里石家村	二级古树
48	37028310040	侧柏	350	13	218	10	平度市旧店镇满家村	二级古树
49	37028310041	雪柳	300	7.3	219	10	平度市旧店镇前涧村	二级古树
50	37028310042	槐	300	6.8	313	9	平度市旧店镇口子村	二级古树
51	37028310043	银杏	440	20	400	12	平度市旧店镇北大流河村	二级古树
52	37028310044	银杏	440	15	450	11	平度市旧店镇大王头村	二级古树
53	37028310045	槐	450	12	180	11	平度市大泽山镇西岳石村	二级古树
54	37028310046	槐	300	7.3	297	9	平度市李园街道花窝洛子村	二级古树
55	37028310047	槐	320	8	377	9	平度市南村镇东朱家庄村	二级古树

平度市一、二级保护古树名录

李园街道李家市村国槐，树龄 300 年

李园街道李子园村国槐，树龄 300 年

李园街道东南疃村国槐，树龄 300 年

李园街道花窝洛子村国槐，树龄 300 年

李园街道坦埠村国槐，树龄 300 年

李园街道窦家疃村国槐，树龄 300 年

同和街道李家庄村国槐，树龄 300 年

同和街道李家庄村柘树，树龄 410 年

凤台街道曲坊村国槐，树龄 300 年

白沙河街道后沙戈庄村银杏，树龄 350 年

白沙河街道巡寨村国槐，树龄 350 年

白沙河街道西洼子村国槐，树龄 300 年

据传,平度市博物馆院内的这株银杏,生于汉代,距今约 2000 年。唐代后,分蘖出一子株,形同母子,相依而生,人们称其为"汉唐母子树"。树侧有清咸丰年间重修老君庙的碑记。据载,元代元贞二年(1296 年),这里建成德真观,后更名为崇德宫,明末改称为老君庙。金元时,全真教领袖王重阳的大弟子——丹阳子马钰曾在此修炼。道光《重修平度州志》记载,马钰"游西关,东归,道经胶水德真观,喜其清幽,遂环堵为修炼之所"。

老君庙原是配套完整的大型庙宇,青岛解放时仅存大殿。大殿面宽 5 间,进深 4 间,属单檐歇山式结构,飞檐翘角,斗拱叠落;黄色琉璃瓦覆顶,"丹楹画栋,金碧映日"。大殿经维修后于 1985 年辟为平度县博物馆文物陈列大厅。当地有"先有树后有庙,有庙才有平度城"之说,证明该树年代久远。平度市为保护此树,在周围砌石栏、增设避雷针等。目前,该树生机盎然,长势旺盛。

东阁街道平度市博物馆院内银杏,树龄 2000 年

东阁街道崔召村国槐，树龄 600 年

东阁街道炉坊村国槐，树龄 300 年

东阁街道乔家村国槐，树龄 500 年

东阁街道窝洛子村国槐，树龄 350 年

新北台村的这两株圆柏，被当地人称为"蟠松"。蟠松双株，间距丈许，粗可合抱，独负"三奇"之誉。其一，枝干苍劲古雅，匍匐横卧，垂而不媚，奇而不傲。枝繁叶茂，浓荫蔽日，酷似一顶巨大的华盖。其二，双树对生，虬枝扭曲回环，交错连理，宛若情侣依偎亲昵，又似二龙盘跃嬉戏。其三，其籽屡种不荫，其芽屡嫁不活，其木则虫豸不蠹，旱而不萎，枯而不腐，四季苍碧，芳香四溢。

蟠松下有汉白玉石碑，为清光绪十八年（1892年）所立，刻有"刘氏先茔"及蟠松来历的碑文。碑文记述如下："盖闻盘松二株，自明朝所植，人俱罕见。溯其本源，来自官氏，为其奇异，珍在刘门，蔚然深秀，固一州（平度州）之大景也。"据说，刘氏二世祖（时淳）有婿在朝为官，素好花木，选植盘松盆景敬奉岳父，后时淳卒，盆景移植茔地，久而成荫。

乾隆、嘉庆年间的《平度志稿》也有记载："盘松，枝盘曲下垂，入地复出；四面团结如帏，其中清荫可容数席。树近200年，从无萌蘗。"

东阁街道新北台村圆柏（两株），树龄380年

古岘镇姜格庄村国槐，树龄 300 年

仁兆镇大桑园村国槐，树龄 300 年

仁兆镇南沙窝村国槐，树龄 600 年

南村镇东朱家庄村国槐，树龄320年

南村镇瓦子丘村国槐，树龄350年

南村镇南朱家庄村国槐，树龄800年

蓼兰镇韩丘村酸枣，树龄 490 年

崔家集镇北高戈庄村柘树，树龄 450 年

崔家集镇杜家村朴树，树龄 350 年

明村镇白里村国槐，树龄 300 年

明村镇北张家村国槐，树龄 350 年

明村镇大岭村国槐，树龄 300 年

明村镇后楼村国槐，树龄 300 年

明村镇明家店子村国槐，树龄 300 年

明村镇黄埠村国槐，树龄 300 年

明村镇小官寨村国槐，树龄 300 年

明村镇小官寨村国槐，树龄 300 年

明村镇庄子村国槐，树龄 300 年

相传清初年间，村中有一女子，人称石大姑。石大姑父母双亡，为了抚养两个弟弟成人，她始终未嫁，含辛茹苦，日耕夜织，终于使两个弟弟成家立业。可她死后，却因未嫁而不能入祖坟，两个弟弟只好将姐姐葬在河坝上。

姐姐下葬之后，一连下了七天大雨，不久坟上便长出了一株酸枣树。别处的酸枣都是丛生的，这株却是独杆儿。日复一日，年复一年，在这株酸枣树旁又长出了几株小树，现在也有碗口粗了，年年硕果累累。

1974年，这里修建公路，按规划应从坟中通过，可为了保留这株酸枣，公路路线硬是拐了一个弯儿。柘埠村为了保护它，出资建围墙，垒树盘。在村民们的精心呵护下，这株酸枣树越长越旺。

田庄镇柘埠村酸枣，树龄 310 年

田庄镇南坦坡村国槐，树龄 300 年

传说清朝年间，四川洪洞县一户刘姓人士为生计所迫，流落他乡，到新河镇安家落户。因当时生活条件所限，所产粮食仅够半年食用，生活十分艰难。

有一天他听一老农说起当地有一谚语"门前有棵槐，不用挣自己来"。他便四处寻找，终于找到了一棵上好的树苗，便种植在自家门前以示丰衣足食。经过家人悉心呵护，树苗渐渐长大，他的生活也逐渐富裕。

如今，这株古槐树仍然生长茂盛，村民的生活也越来越富足，这更加坚定了村民的信念，精心呵护此树，希望生活会更加美好，故称此树为"小康古槐树"。

新河镇院后刘村国槐，树龄300年

新河镇宿家村国槐，树龄300年

大泽山镇秦姑庵村国槐，树龄 300 年

大泽山镇西岳石村国槐，树龄 450 年

大泽山林场板栗，树龄 300 年

旧店镇北大流河村银杏，树龄 440 年

旧店镇大王头村银杏，树龄 440 年

旧店镇满家村侧柏，树龄 350 年

旧店镇前涧村雪柳，树龄 300 年

旧店镇东孟村国槐，树龄 800 年

旧店镇口子村国槐，树龄 300 年

旧店镇山里石家村国槐，树龄 300 年

旧店镇九里夼村黄连木，树龄 500 年

云山镇新庄疃村银杏，树龄 500 年

云山镇石洼村国槐，树龄 300 年

店子镇黄哥庄村国槐，树龄 300 年

莱西市

序号	挂牌号	树种	估测树龄（年）	树高（米）	胸（地）围（厘米）	平均冠幅（米）	具体生长地点	类别
					莱西市一、二级保护古树名录			
1	37028500001	槐	700	11.4	490	14	莱西市水集街道石佛院村	一级古树
2	37028510001	槐	380	12.3	330	15	莱西市沽河街道西张家寨子村	二级古树
3	37028510002	槐	330	14.3	320	15	莱西市沽河街道刁家埠村	二级古树
4	37028510003	槐	330	16.5	310	19.1	莱西市沽河街道后庄扶村老年公寓	二级古树
5	37028510004	槐	400	7.8	320	9.9	莱西市沽河街道郭家庄村	二级古树
6	37028510005	槐	380	9	310	11.5	莱西市夏格庄镇钓鱼台村	二级古树
7	37028510006	槐	330	14.1	290	16	莱西市院上镇邹家许村	二级古树
8	37028510007	槐	430	11.7	340	11.5	莱西市日庄镇姜家屯村	二级古树
9	37028510008	槐	330	8.7	370	14.5	莱西市南墅镇扒头张家村	二级古树
10	37028510009	酸枣	330	12.2	188	12	莱西市店埠镇张家横岭村	二级古树
11	37028510010	小叶朴	490	17.1	380	19	莱西市店埠镇王家横岭村	二级古树
12	37028510011	槐	370	9.2	340	11.5	莱西市马连庄镇赵家疃村	二级古树

莱西市水集街道办事处石佛院村村委办公室前的这株国槐，据传栽植于元朝初期。

元朝建立后，统治者为同化民族文化，缓解民族矛盾，大力倡导道教、佛教，全国各地建庙之风日盛，石佛院即当时所建庙宇之一，此国槐约为建庙时所植。

这株国槐历经磨难，历史上曾遭雷劈而折；2003年，有人在树洞内燃放鞭炮引燃大火，可第二年槐树竟奇迹般发出新芽。如今这株国槐依旧枝繁叶茂，让人不禁感叹树木的顽强生命力。

水集街道石佛院村国槐，树龄700年

沽河街道西张家寨子村国槐，树龄 380 年

沽河街道刁家埠村国槐，树龄 330 年

沽河街道后庄扶村国槐，树龄 330 年

沽河街道郭家庄村国槐，树龄 400 年

日庄镇姜家屯村国槐，树龄 430 年

南墅镇扒头张家村国槐，树龄 330 年

夏格庄镇钓鱼台村国槐，树龄 380 年

院上镇邹家许村国槐，树龄 330 年

马连庄镇赵家疃村国槐，树龄 370 年

店埠镇张家横岭村酸枣，树龄 330 年

店埠镇王家横岭村小叶朴，树龄 490 年

养护篇

古树，是自然和人文之根，传承了一座座城市、一个个乡村的记忆。名园易建，古木难求。一棵古树，承载着悠久的历史，镌刻着灿烂的文明。

这些被称为绿色"活化石"的古树名木，由于树龄大、生活力低，容易受到恶劣天气、病虫害和人类生产生活等因素的影响，从而导致树势衰弱、濒危甚至死亡。对古树名木的养护救治是功在当代，利在千秋的大事。

近年来，青岛市大力宣传古树名木保护政策，不断探索古树名木保护方法，加大古树名木保护资金投入，逐渐形成一套"覆盖全过程、全要素，实现数字化、智能化"的古树名木保护"青岛模式"。

在城乡建设和城市更新中，最大限度地保护古树名木，是社会主义生态文明建设的重要组成。为了让古树老有所养，病有所医，2020—2023年，青岛市为近500株长势衰弱的古树名木进行了不同程度的复壮救治，使濒危株、衰弱株的衰弱趋势得到有效控制，古树名木的安全隐患得以彻底消除，成功挽救了部分濒危古树名木。

影响古树名木生存的原因

从总体上看，树木的寿命是与遗传基因、立地条件和生存环境密切相关的。从现场调查情况和诊断结果来看，当前古树名木长势衰弱的原因十分复杂，概括起来影响古树衰亡的因素主要有以下几个方面。

生存环境恶化

（一）土壤理化性质恶化

目前相关研究人员普遍认为恶劣的土壤条件是导致古树衰弱的主要环境问题。土壤是古树赖以生存的基础，为树体生命活动提供水分和养分，其理化性质的好坏直接表现在树体的健康状态上。

1.土壤板结、氧气不足。古树是靠地下根系和地上枝叶及树干吸氧进入树体，分解有机养分，释放能量，维持树体生命的。古树根系吸氧主要是吸收地下土壤孔隙里的氧气。有研究表明，土壤氧气含量在 15% 以下，古树因氧气含量不足，地下根系量减少而且根系弱。在土壤氧气含量 10% 以下的地方无根系分布或出现死根，并导致古树衰弱甚至死亡。目前，在外力的作用下，城区大部分土体密实，土壤通气孔隙度减少，能供给古树的氧气含量不足。

2.土壤的养分不平衡。土壤的养分不平衡是造成古树长势较弱的主要原因。古树在其漫长的生涯中持续不断地吸收和消耗土壤中的各种养分，然而枯枝落叶被当成垃圾清除的过程中切断了其自然的养分循环。再者，古树由于环境限制，适宜根系生长的空间非常有限，土壤中的养分亏缺，更容易造成古树的营养不良。近些年，由于古树名木保护意识的增强，部分古树名木得到了养护，但所施肥料多以化肥为主，且养分配比并不一定符合古树名木的需求，这必然导致古树生理代谢失调，加剧其衰老进程。

古树周围路面硬化，影响根系呼吸

（二）光照及温度变化

光照和温度是树木生长不可缺少的能源。不同树种需要的光照、温度条件是不同的。在自然环境里，太阳的光照和温度是随地球纬度、海拔、季节等自然因素的影响而发生变化的。古树适应这种变化，与当地的光照和温度建立起和谐的生态关系。随着人口大量增加，社会经济的发展，城市的开发建设中大量修建房屋和道路，许多古树原来的生态环境遭到破坏。当光照、温度发生了不同程度的变化时，就对古树产生了许多不利的影响。

另外，有的古树因光照和温度变化强烈，根际地面无地被物遮挡，当地表温度达到50℃以上时，就会引起表层根系因高温而死亡。

（三）环境污染

在社会经济的发展以及人民生活过程中，产生了大量的废气、废液和废渣，造成空气、水质和土壤等环境的污染，直接威胁着古树的生存。

1. 废气污染。化石燃料的燃烧所产生的污染物排放到空气中，使空气中的污染气体成分增加。这些气体被古树吸收、吸附后会产生生理、生化中毒反应，降低其功能，严重时引起死亡。

2. 废水污染。工业和生活排放的污水一旦侵入古树根区，会对古树根系产生毒害作用，如居民洗衣和生活的污水以及水沟污水侵入附近的古树土壤根区内，会出现古树烂根现象。

3. 固体垃圾污染。固体垃圾主要是指建筑、道路施工所废弃的砖瓦、石砾、石灰等。这些渣砾埋入土体内，因改变土壤性质，而影响古树的生存。

古树周围堆放杂物、垃圾，影响根系呼吸

（四）植物竞争

1.草坪与古树争水肥。据调查，草坪影响古树生长有三点：一是冷季型草坪，根系发达，争夺水肥能力强，从而减少了古树从土壤中吸收水分和养分。二是草坪株间密集，根系在地表形成交织紧密的草根层，阻隔大气与土壤气体的交换，减少土壤氧气含量，影响古树根系的呼吸。三是每次给草坪浇水至草根层，而其下层的古树根系基本上得不到水分，因此造成树体缺水。古树在以上三种影响作用下，生长会逐渐衰弱。

2.杂木影响古树生长。在古树保护范围内，通常会有其他树种入侵与其共生。这些古树周围生长的伴生树种或在古树群中生长的杂木，为生存与古树之间进行着激烈的竞争：一是争水肥，二是争夺光照。从而导致古树生长衰弱甚至死亡。

古树周围生长竞生植物，争夺水肥光照，导致古树生长衰弱

病虫危害

病虫害频繁发生是危害古树生存的重要因素。古树病虫害大量发生，从而危害古树树体的叶子、干枝和根系，破坏营养器官，降低叶子光合作用和制造有机物质的功能，减弱根系吸收土壤水肥、干枝运输养分和水分的能力，加速古树的衰弱和死亡。

在已经调查及取样检测的古树名木中，主要的病害有溃疡病、木材腐朽、丛枝病和枣疯病。其中木材腐朽是导致国槐衰弱的主要因素，枣疯病是致使枣树和酸枣衰亡的致命原因。主要虫害有锈色粒肩天牛、木蠹蛾和蚧虫等。目前，锈色粒肩天牛、木蠹蛾等虫害在古树上已经有所发生，虽不致命，但仍需要加强防控，以防古树加速衰弱甚至死亡。

古槐枝干存在天牛羽化孔并伴有大量害虫食物排泄残渣，因病虫害而导致木材腐朽

银杏古树的丛枝病　　　　　　致使枣树和酸枣衰亡的枣疯病

人为伤害

在人与古树的相处中，绝大多数人爱惜和保护古树，但也有少数人伤害古树，成为危及古树生存的重要因素。

（一）建筑施工对古树的伤害

近年来，城市建设迅猛发展，建楼开路必然要侵占到古树的生存空间，对古树造成伤害。一是有的施工需要移植古树，这样做不仅会伤害古树的根系，还改变了古树的生存环境，以致多数移植古树生长不良甚至枯死。二是有的施工虽然保留下来古树，并且在施工前也已采取了保护措施，但由于施工导致古树大量根系被切断，营养面积变得狭小，加之养护管理不到位，造成部分古树后期长势衰弱，少数植株枯死。三是有的古树距离路边太近，为古树预留的生存空间狭窄，易被来往车辆碰撞，发生树体倒伏、折断和劈裂的情况。

（二）保护意识淡薄伤及古树

社会上一部分人因缺乏法律知识，保护古树意识淡薄，在公园、景区内游玩时，用刀子等工具刻划古树树体，攀登古树折枝、采集花果等，造成一些树体胶液外溢，伤痕累累，影响古树长势。有的古树生长在宅院内，户主会在宅院内私搭乱建临时住房、厨房、车库、车棚等建筑物，缩小古树营养面积。不仅如此，有的住户甚至把古树砌在房内或墙内；有的以古树做支撑物悬挂物品；有的在古树周围堆放杂物、垃圾，倾倒污水，燃火，排放烟气等，使得古树不堪重负，衰弱日趋严重。另外，作为思念的寄托，古树周边常有为纪念先人或祈福许愿的烧纸行为，这也为古树的生长造成了不良影响与安全隐患。

（三）保护方法不到位对古树造成伤害

有些养护单位或个人，在不清楚古树确切病虫害的原因和种类以及树体营养成分亏缺情况下，盲目使用杀虫药、杀菌药、营养剂和化肥，造成部分营养持续亏缺以及药害。对于一些已经有树体腐烂，形成树洞的古树，简单地使用水泥等填充物进行填充，造成树洞内部持续腐烂。还有些人，为了让古树更加突出，而在古树周围进行填土，为古树垒起一个高台，造成古树根部呼吸不畅，树势衰弱。

位于道路中间和墙体中间的古树

自然灾害

自然灾害是天体运行规律对地球的影响而产生的一种自然现象。但是随着社会发展，人口增多，科技进步，人们过度地利用自然资源，从而破坏了全球生态系统，扰乱了大气层的水、气等的运行规律，出现气候异常，致使自然灾害的频率和强度增加。每年都有不同强度的台风、暴雨、干旱、冰冻等灾害发生。

古树属于树木中的弱势群体，在自然灾害的外力作用下，许多古树枝干劈裂、折断，树体倒伏，以至于被连根拔起。

为古树安装避雷针

古树名木复壮措施

围栏保护

对树冠下根系分布区易受踩踏、主干和枝条易受破坏的古树名木设置围栏，进行保护。

围栏与树干的距离应不小于300厘米，高度在80厘米以上。特殊立地条件无法达到此要求的，可根据实际情况适当调整距离或加高围栏，以人摸不到树干、枝条为最低要求。

地上环境改良

（一）清理地面

要为古树名木留出足够的生长空间，可参照树冠投影划定保护范围。在此区域清理古树名木树干周围及附近所有构筑物、柴草、建筑材料、建筑废弃物以及其他堆积物。伐除古树名木树冠投影内影响其生长的植物，修剪影响古树名木光照、生长的周边树木枝条。同时，对地面进行松土处理。一般以古树名木本体树干为中心外扩3～5米，在此范围内进行施工处理。

（二）透气铺装

对影响古树名木根系呼吸的区域（不透气铺装、步道、车行道等）进行地面拆除，并松土，再铺设透气性良好的材料，可根据现场情况与古树权属人要求，铺设碎石或透水砖等。

（三）裸露根覆土

对生长于平地的古树名木裸露地表的根，要覆盖厚度超过 40 厘米、适合根系生长的基质加以保护。对生长于坡地且树根周围出现水土流失的古树名木，应设置护坡，回填一定厚度、适合根系生长的基质护根。护坡高度、长度及走向依地势而定。

（四）叶面施肥、喷水

复壮过程中，要对古树名木进行适宜的树冠喷水。生长旺盛季节，可喷施叶面肥一次。叶面肥可选择浓度 0.1% 的磷酸二氢钾溶液、0.5% 的尿素、肥叶宝等。

（五）清理切口并消毒保护

对枝干上因病虫害、冻害、日灼、雷击等造成的伤口，首先将伤口削平、去除腐烂病变部分，然后对切口进行消毒处理，再使用伤口涂抹剂涂抹保护切口。

地下环境改良

（一）复壮沟、复壮井、通气管

对根系土壤密实板结、通气不良的古树名木，可采取复壮沟土壤改良技术和土壤通气措施，改善土壤理化性质。单株古树在一个生长周期内可挖4～6条复壮沟，古树群可在古树之间设置2～3条复壮沟。结合复壮沟在竖向或横向埋设通气管（井），也可根据情况单独竖向埋设通气管。

复壮沟施工形状因环境而定，以放射状为主，亦可采用弧形。按照国标技术规程，复壮沟一般深80～100厘米、宽60～80厘米；外缘多在树冠垂直投影外侧50厘米，内缘在距离主干外侧150厘米外。

挖掘复壮沟时建议采用手工挖掘、清理，对腐烂、枯死根系与病虫害根系进行处理，并杀菌消毒。复壮沟的挖掘完成后，放置带有通气孔的塑笼管，并再次进行杀菌消毒处理。然后在复壮沟中，分层施肥，回填种植土，并一次性浇足水。复壮沟内依不同树种及土壤营养情况，需填充不同的配方基质和营养基质。

在复壮沟的外端或中间，依据情况设立复壮透气井，井深80～150厘米、直径80～120厘米，井内壁用砖垒砌成花墙，向上逐渐收拢，并在顶部安装井盖。通常透气井比复壮沟深20～50厘米。

在无法铺设复壮沟的区域，可进行竖向通气管铺设。根据树冠枝丫分布情况，在树根周围进行辐射状打孔。孔深一般50～120厘米，距离树根近的孔应浅些，外围的孔深应为100厘米以上，孔距30～50厘米。通气孔内放置10厘米以上的管材，管壁密布孔洞，管内灌注营养基质，顶部安装透气地漏。

无法大面积换土和安装通气管的，亦可在树冠垂直投影内根据根系生长情况酌情打通气孔。

（二）浇水、施肥

古树需水量虽少，但既不耐旱也不耐涝，应做到科学灌溉。古树名木生长的土壤含水量一般为 7% ~ 20%。当根系土壤干旱缺水时，需进行根部缓流浇水，浇足浇透；当土壤积水，影响根系正常生长时，则要采取排涝措施。

依据土壤肥力状况和古树名木生长需要，需进行土壤施肥改良，平衡土壤中矿质营养元素，可结合复壮沟（井）、通气管进行。

（三）换土

在树冠投影范围内，对大的主根部分进行换土。挖土深度 50 ~ 100 厘米，对种植土用 50% 的多菌灵 0.1% ~ 0.15% 的溶液进行杀菌消毒处理，且每次换土后浇透水。

有害生物治理

首先对古树名木的主干部分进行腐烂、枯死表皮的清理，并进行表层害虫处理。

然后对其表面喷洒杀菌、杀虫药物，并覆膜熏蒸（根据天气情况，一般控制在 3 日以内，之后解除覆膜）。

再对树冠部位，根据实际情况喷施预防、杀虫等药物，进行树叶或树冠枝条病虫害治理（次数视现场情况而定，一般在 2 ~ 3 次）。

最后再使用以生物措施（应对天牛类的花绒寄甲生物防治）为主的可持续管理方法进行管治。

树腔防腐排水

（一）防腐

先清除表皮或树腔中腐朽的、腐烂的木质碎末等杂物，直至硬化的木质部；然后用高压气枪冲洗树腔内部，清除残留碎屑；干燥后给树腔内喷涂防腐消毒剂；自然晾干后，再喷涂熟桐油3次。

（二）排水

对树体稳固性影响小的树腔可不作填充，易积水的树腔可作适当填充，并在此区域设导流管（孔、坡），使树液、雨水、凝结水等易于流出。

树体稳固支撑

对树体明显倾斜、树冠大、枝叶密集、主枝中空、枝条过长、易遭风折的古树名木，应采用支撑、拉纤等方法进行稳固。

树冠上有断裂隐患的大分枝可利用螺纹杆、铁箍等进行固定。支撑、稳固设施与树体接触面要加弹性垫层以保护树皮。

选用材料的规格要根据被支撑、稳固树体枝干载荷大小而定，主要以水泥基座为基础，镀锌钢管为支撑材料，同时进行表面防锈处理。

枝条清理

及时清理古树名木树体上有安全隐患的枯死枝、断枝、劈裂枝（清理后进行切口保护），能体现古树自然风貌、景观、无安全隐患的枯枝可进行防腐处理并予以保留。

对过密区域适当疏枝，包括部分生长衰弱枝条、病虫枝、交叉枝、萌蘖枝；适当短截树冠外围过长枝。

因地制宜

在进行古树名木复壮保护施工时，因每株古树名木所处的地理环境不同，施工条件不同，权属人要求不同，应根据古树名木的自身情况，因地制宜，合理地增加或删减设计方案中的相关复壮措施，确保复壮后的古树名木自身及其周边环境能满足古树名木正常生长以及相关合理要求。

案例分析

树种：银杏（两株）

树龄：1300 年

保护级别：一级

生长地点：胶州市胶东街道大店村太平寺

主要问题：

1. 树周土壤板结，贫瘠。树下存有建筑垃圾，根部透气性较差。

2. 根系腐烂。

3. 树干赘生物严重，有腐烂现象。

4. 虫害严重。

5. 枯枝较多，易被风刮断，存在安全隐患。

胶州太平寺银杏

树干树瘤、寄生物

树冠枯枝

设计基本原则

一树一策原则
标本兼治原则
最小干预原则
科学谨慎原则
绿色环保原则
依法行事原则

土壤理化分析							
测试项目样品编号	有机质 （克/千克）	全氮 （克/千克）	碱解氮 （毫克/千克）	有效磷 （毫克/千克）	有效钾 （毫克/千克）	盐分 （微西/厘米）	pH
1（20～30厘米）	10.49	51.3	6.89	79.65	0.32×10^2	7.95	9.4
2（50～60厘米）	9.96	20.6	4.39	49.23	0.24×10^2	6.95	7.4
太平寺墙外侧距离墙体30厘米	5.98	–	143.68	45.01	62.95	–	7.3
太平寺墙外侧距离墙体4米	7.32	–	45.44	11.98	33.91	–	7.0
太平寺树池内距离树干4米	6.54	–	28.33	45.75	164.48	–	8.3
太平寺内水管中的水	–	–	–	–	–	–	8.4
太平寺外水塘内的水	–	–	–	–	–	–	7.4

复壮施工方案

（一）根部土壤改良

1. 对树池内堆土进行清理，去除树池内的杂物，深翻树池内的土壤。以古树为中心对树体各侧 3 米内土面进行开挖，尽量使用专业工具，人工挖掘，保护根系不受损伤并挑出其中的碎石、砖块、生活垃圾等杂物。开挖深度约 60 厘米。原土壤过筛去除杂物。

2. 对古树保护区域内的土壤进行改良，添加有益菌菌剂，改善地下土壤的理化性质，为微生物的生长繁殖创造理想的环境，提高土壤肥力，促进生长势的恢复，增强古树生长活力。

3. 银杏相对于其他植物来说根系吸氧量较大，对肥量的需求较高，喜欢微酸性土壤。应用硫酸亚铁等药物改良土壤。

（二）根部处理

1. 晒根。在银杏树周围，挖出土壤露出部分主根进行晒根。

2. 断根。断根可以增加营养根再生，将腐烂坏死的根系组织去除，进行药物处理，对断截面涂抹伤口愈合剂和伤口防腐剂。

（三）开挖复壮沟

在古树营养吸收面内开挖 8 条复壮沟，复壮沟每条深度 80 厘米，宽度 80 厘米，长度 6 米，沟内分层填充古树复壮专用基质、高效低毒广谱的杀虫杀菌药、营养草炭土、陶粒等，增强土壤的肥力和透气性，为古树生长提供高效的营养。

（四）埋设通氧管

1. 在复壮沟内埋入 8 根长 7 米、管径 150 毫米的塑笼管，管子端口用纱布进行密封防止进土，尾端砌边长 40 厘米砖混微小透气室。

2. 树池内回填河沙。

（五）砖垒透气井

在树池各个拐角处开挖通气井 8 座，通气井直径 0.8 米，深度 1 米。

（六）壮根处理

1. 对根部进行喷药处理，对病根弱根注射根部生长促进调节剂，用热草木灰均匀覆盖整个根部。

2. 用恶霉灵、甲霜恶霉灵、根腐灵、多菌灵、退菌特或氯溴异氰脲酸 300 倍液浇灌外围根系。

3. 根周围冲施腐殖酸肥料，配点枯草芽孢杆菌，促进银杏萌发新根和根系生长。

4. 根周围用矿源黄腐酸钾随水冲施。

5. 用红糖 + 豆汁 + 酵母粉，发酵后随水冲施根周围。

（七）补充水分

对根部补充水分，浇水 3 遍，在浇水过程中配合使用专用水溶肥、多功能壮根剂对根部进行复壮。

（八）地上部分整理

用高空作业车对古树树冠枝条、枯死树枝进行去除，截短风折大枝，杜绝安全隐患。

对树冠、树枝进行杀菌、杀虫处理，使用高压喷药机，配合专用杀菌、杀虫剂，各喷洒三遍。

（九）树体支撑加固

1. 对古树不合理支撑进行拆除。

2. 新建支撑，选用与周围环境相适宜的复古支撑 2 根。

（十）树体病原菌整治

1. 用专业工具去除树体表面的病原真菌、灰尘、杂物、寄生病菌等。

2. 用百菌清、退菌特等药物喷洒整个树干。

3. 用生石灰、石硫合剂、代森锰锌等药物对树干进行粉刷。

4. 用专用病菌消毒液对树瘤进行注射。

5. 对树干注射银杏专用植物生长调节剂。

6. 用热草木灰对银杏树体进行涂抹。

（十一）虫洞整治

1. 对树干树洞、树体疮疤及虫眼（鞘翅目类天牛成虫羽化孔）、侧枝的大面积创伤面及纵裂面、风折主干及大侧枝横断面，刮除腐朽层，用木制胶填充，表面风干后刷 3 遍熟桐油。

2. 对大侧枝上的鞘翅目类天牛幼虫、蓟马、红蜘蛛等害虫的新鲜排粪孔，掏净虫粪后，用 80% 的敌敌畏（DDVP）乳油稀释 50 倍，用医用脱脂棉蘸足药液堵孔，黏黄泥封堵。

（十二）有害生物防治

1. 古树趋向衰老，抵抗力和免疫力下降，因而容易招致病虫的危害，因此需要采取综合措施，防治并重。可采用高效低毒广谱无公害的杀虫、杀菌药物进行防治，确保古树正常生长。

2. 用无人机喷洒新型高效低毒药物，以做到叶面病虫害防治。

3. 为保证树干不受损伤，对树体上的马蜂窝进行打药并摘除。

（十三）其他措施

1. 对银杏古树进行大数据信息采集。

2. 对银杏古树进行古树芯安置。

3. 用黑光灯、粘虫板杀灭害虫。

4. 在土壤中施加高效性腐殖酸。

5. 增施腐熟好的芝麻饼粕、草炭肥等，活化土壤，增加土壤微生物和蚯蚓数量，提高土壤肥力和活力。

（十四）后期养护措施

1. 及时清除杂草。

2. 做好土壤保墒。

3. 春季浇水，雨季排水。

4. 定期进行病虫害防治。

5. 每年 4 月 10 日至 4 月 30 日，用高压喷雾器疏花。

6. 用石灰水 + 石硫合剂粉刷树干。

7. 在树体恢复阶段，冬季采用防冻措施。

8. 通过大数据信息平台持续监测病虫害和自然灾害。

复壮前后对比

2021 年 7 月
（复壮前）

2022 年 7 月
（复壮一年）

2023 年 7 月
（复壮二年）

附　录

山东省人民政府令

第 316 号

《山东省古树名木保护办法》经 2018 年 3 月 23 日省政府第 3 次常务会议通过，于 2018 年 4 月 26 日公布，自 2018 年 7 月 1 日起施行。

省长　龚正

2018 年 4 月 26 日

山东省古树名木保护办法

第一条　为了加强古树名木保护，提升历史文化传承能力，促进生态文明建设，根据《中华人民共和国森林法》和《城市绿化条例》等法律、法规，结合本省实际，制定本办法。

第二条　本省行政区域内古树名木的认定、养护及其监督管理活动，适用本办法。

本办法所称古树，是指树龄在 100 年以上的树木。

本办法所称名木，是指珍贵、稀有或者具有重要历史、文化、科学研究价值和纪念意义的树木。

第三条　古树名木实行属地管理、分级保护，坚持政府主导与社会参与相结合、定期养护与日常养护相结合的原则。

第四条　县级以上人民政府应当加强古树名木的保护管理工作，组织协调宣传普及保护知识，增强公众保护意识，鼓励和支持古树名木保护的科学研究和推广应用。

古树名木保护所需经费列入政府财政预算。

第五条　县级以上人民政府林业、城市绿化主管部门（以下统称古树名木主管部门）按照本级人民政府规定的职责权限，负责本行政区域内古树名木的保护管理工作。

县级以上人民政府财政、国土资源、环境保护、文物管理等部门按照各自职责，做好古树名木保护管理的相关工作。

第六条　县级以上人民政府古树名木主管部门应当定期对本行政区域内的古树名木资源进行普查，核实认定，登记造册，统一编号，建立古树名木图文档案和电子信息数据库。

单位和个人向古树名木主管部门报告古树名木资源信息的，古树名木主管部门应当及时予以核实登记。

第七条　古树名木按照下列规定实行分级认定、保护：

（一）名木和树龄在 500 年以上的古树，实行一级保护，由县级人民政府古树名木主管部门组织认定，逐级上报经省人民政府古树名木主管部门审核后报省人民政府确认公布；

（二）树龄300年以上不满500年的古树，实行二级保护，由县级人民政府古树名木主管部门组织认定，经设区的市古树名木主管部门审核后报设区的市人民政府确认公布；

（三）树龄100年以上不满300年的古树，实行三级保护，由县级人民政府古树名木主管部门组织认定后报本级人民政府确认公布。

第八条　对古树名木的认定有异议的，应当向设区的市人民政府古树名木主管部门申请复核。设区的市人民政府古树名木主管部门应当组织专家重新认定。

第九条　古树名木认定公布后，应当划定保护范围。保护范围由县级人民政府古树名木主管部门按照下列规定划定：

（一）名木和一级保护的古树，保护范围不小于树冠垂直投影外3米；

（二）二级保护的古树，保护范围不小于树冠垂直投影外2米；

（三）三级保护的古树，保护范围不小于树冠垂直投影外1米。

在城市规划区和其他特殊区域内的古树名木，其保护范围可以根据实际情况另行划定。

第十条　县级人民政府古树名木主管部门应当设置保护标志和必要的保护设施。

任何单位和个人不得擅自移动或者损毁古树名木保护标志和保护设施。

第十一条　县级人民政府古树名木主管部门按照下列规定，确定古树名木的养护单位或者个人（以下统称养护人）：

（一）在机关、团体、企业事业单位等用地范围内的古树名木，所在单位为养护人；

（二）在铁路、公路、江河堤坝和水库湖渠用地范围内的古树名木，铁路、公路和水利设施的管理单位为养护人；

（三）在自然保护区、风景名胜区、旅游度假区、森林公园、地质公园、国有林场用地范围内的古树名木，该园区的管理单位为养护人；

（四）在文物保护单位、宗教活动场所等用地范围内的古树名木，所在单位为养护人；

（五）在园林绿化管理部门管理的公共绿地、公园、城市道路以及其他公共用地范围内的古树名木，城市园林绿化管理单位为养护人；

（六）在其他区域的古树名木，由县级人民政府古树名木主管部门按照所有权关系和管理职责协调所在地村民委员会、居民委员会确定养护人。

第十二条　鼓励社会力量捐资保护、认养古树名木。根据保护级别、捐资数额、地理位置等情况，可以约定捐资人、认养人在一定期限内署名、冠名并进行相应宣传。

第十三条　县级以上人民政府古树名木主管部门应当建立古树名木养护激励机制。

县级人民政府古树名木主管部门应当根据保护级别、生长环境、养护现状等实际情况，与养护人签订养护协议，明确养护责任、养护要求、奖惩措施等事项，并给予养护人适当补助。

第十四条　省人民政府古树名木主管部门应当按照分级保护的要求制定古树名木养护技术规范，

对土壤改良、灌溉排水、有害生物防治、防腐与树洞处理、抢救复壮以及保护设施建设等作出统一规定，并向社会公布。

第十五条　养护人应当按照养护技术规范以及养护协议的规定，对古树名木进行日常养护，保障古树名木正常生长。

养护人发现古树名木遭受有害生物危害或者人为、自然损害，生长势出现明显衰弱、濒危等情况的，应当及时报告县级人民政府古树名木主管部门。

第十六条　县级人民政府古树名木主管部门应当加强古树名木养护知识的宣传和培训，对养护人提供技术指导和服务，定期组织对古树名木进行巡视检查。

巡视检查中发现古树名木遭受损害、生长异常等情况，或者接到相关报告后，应当及时采取相应治理措施或者组织专业技术人员实施抢救复壮。

第十七条　禁止下列损害古树名木的行为：

（一）砍伐或者擅自迁移；

（二）在古树名木保护范围内新建扩建建筑物或者构筑物、非通透性硬化地面、挖坑取土、动用明火、堆放和倾倒有毒有害物品；

（三）刻划、钉钉、剥皮挖根、攀树折枝、悬挂重物；

（四）其他损害古树名木正常生长的行为。

第十八条　因公共事业和基础设施建设项目确需在古树名木保护范围内进行建设施工的，建设单位应当在施工前制定古树名木保护方案，并报县级人民政府古树名木主管部门备案。古树名木主管部门应当对保护方案的制定和落实进行指导、监督。

因建设施工对古树名木生长造成损害的，建设单位应当承担相应的复壮、养护费用。

第十九条　有下列情形之一的，可以对古树名木进行迁移，实行异地保护：

(一)原生长环境不适宜古树名木继续生长，可能导致古树名木死亡的；

(二)古树名木的生长可能对公众生命、财产安全造成危害，无法采取防护措施消除隐患的；

(三)因国家和省重点建设项目建设，确实无法避让的；

(四)法律、法规规定的其他情形。

迁移古树名木应当制定迁移方案，落实迁移和复壮、养护费用，并依法办理审批手续。

第二十条　古树名木死亡的，养护人应当及时报告县级人民政府古树名木主管部门。古树名木主管部门应当在接到报告后 10 个工作日内组织人员进行核实，并查明原因；确认已死亡的，应当按照原审核程序报上级古树名木主管部门备案。

已死亡的古树名木具有重要景观、文化、科研价值的，可以采取相应处理措施后予以保留。确需砍伐的，应当依法办理审批手续。

第二十一条　县级以上人民政府古树名木主管部门组织实施古树名木保护措施，影响单位和个人生产、生活并造成直接经济损失的，应当给予相应补偿。

第二十二条　违反本办法规定的行为，法律、法规已规定法律责任的，从其规定；法律、法规未规定法律责任的，依照本办法的规定执行。

第二十三条　违反本办法规定，擅自移动或者损毁古树名木保护标志和保护设施的，由县级以上人民政府古树名木主管部门责令改正，可以处200元以上500元以下的罚款；情节严重的，处500元以上2000元以下的罚款。

第二十四条　违反本办法规定，在古树名木保护范围内新建扩建建筑物或者构筑物、非通透性硬化地面、挖坑取土、动用明火、堆放和倾倒有毒有害物品的，由县级以上人民政府古树名木主管部门责令改正，可以处500元以上2000元以下的罚款；情节严重的，处2000元以上1万元以下的罚款。

第二十五条　违反本办法规定，在古树名木上刻划、钉钉、剥皮挖根、攀树折枝、悬挂重物，或者有其他损害古树名木正常生长行为的，由县级以上人民政府古树名木主管部门责令改正，可以处500元以上2000元以下的罚款；情节严重的，处2000元以上1万元以下的罚款。

第二十六条　违反本办法规定，建设单位未在施工前制定古树名木保护方案，或者未按照古树名木保护方案施工的，由县级以上人民政府古树名木主管部门责令改正，可以处1万元以上3万元以下的罚款。

第二十七条　违反本办法规定的行为，造成古树名木损害的，依法承担赔偿责任；构成犯罪的，依法追究刑事责任。

第二十八条　县级以上人民政府古树名木主管部门和其他有关部门违反本办法规定，有下列情形之一，对直接负责的主管人员和其他直接责任人员依法给予处分：

（一）未按照规定认定古树名木的；

（二）未依法履行古树名木保护与监督管理职责的；

（三）违法批准迁移古树名木的；

（四）其他滥用职权、徇私舞弊、玩忽职守行为的。

第二十九条　本办法自2018年7月1日起施行。

全国绿化委员会关于进一步加强古树名木保护管理的意见

全绿字〔2016〕1号

各省、自治区、直辖市绿化委员会，各有关部门（系统）绿化委员会，中国人民解放军、中国人民武装警察部队绿化委员会，内蒙古、吉林、龙江、大兴安岭森工（林业）集团公司，新疆生产建设兵团绿化委员会：

古树名木是自然界和前人留下来的珍贵遗产，是森林资源中的瑰宝，具有极其重要的历史、文化、生态、科研价值和较高的经济价值。为深入贯彻落实党的十八大关于建设生态文明的战略决策，不断挖掘古树名木的深层重要价值，充分发挥其独特的时代作用，现就进一步加强古树名木保护管理提出如下意见：

一、充分认识加强古树名木保护的重要性和紧迫性

（一）全面深刻认识保护古树名木的重要意义。古树是指树龄在100年以上的树木。名木是指具有重要历史、文化、景观与科学价值和具有重要纪念意义的树木。古树名木保存了弥足珍贵的物种资源，记录了大自然的历史变迁，传承了人类发展的历史文化，孕育了自然绝美的生态奇观，承载了广大人民群众的乡愁情思。加强古树名木保护，对于保护自然与社会发展历史，弘扬先进生态文化，推进生态文明和美丽中国建设具有十分重要的意义。

（二）加强古树名木保护管理刻不容缓。近年来，各地、各部门（系统）积极采取措施，组织开展资源调查，制定法律法规，完善政策机制，落实管护责任，切实加强古树名木保护管理工作，取得了明显成效。但是，当前也还存在着认识不到位、保护意识不强、资源底数不清、资金投入不足、保护措施不力、管理手段单一等问题，擅自移植、盗伐盗卖等人为破坏现象时有发生，形势十分严峻，加强古树名木保护管理刻不容缓。各地、各部门（系统）绿化委员会要站在对历史负责、对人民负责、对自然生态负责的高度，充分认识保护古树名木的必要性和迫切性，切实采取有效措施，进一步强化古树名木保护管理。

二、指导思想、基本原则和总体目标

（三）指导思想。以邓小平理论、"三个代表"重要思想、科学发展观为指导，全面贯彻党的十八大和十八届三中、四中、五中全会精神，深入贯彻习近平总书记系列重要讲话精神，以实现古树名木资源有效保护为目标，坚持全面保护、依法管理、科学养护的方针，积极推进古树名木保护管理法治化建设，进一步落实古树名木管理和养护责任，不断加大投入力度，强化科技支撑，加强队伍建设，努力提高全社会保护意识，切实保护好每一棵古树名木，充分发挥古树名木在传承历史文化、弘扬生态文明中的独特作用，为推进绿色发展、建设美丽中国作出更大贡献。

（四）基本原则

坚持全面保护。古树名木是不可再生和复制的稀缺资源，是祖先留下的宝贵财富，必须做好全面普查，摸清资源状况，逐步将所有古树名木资源都纳入保护范围。

　　坚持依法保护。进一步加强古树名木保护立法，健全法规制度体系，依法管理，严格执法，着力提升法治化、规范化管理水平。

　　坚持政府主导。充分发挥地方各级人民政府和绿化委员会职能作用，逐步建立健全政府主导、绿化委员会组织领导、部门分工负责、社会广泛参与的保护管理机制。

　　坚持属地管理。县级以上绿化委员会统一组织本行政区域内古树名木保护管理工作。县级以上林业、住房城乡建设（园林绿化）等部门要根据省级人民政府规定，分工负责，切实做好本行政区域广大乡村和城市规划区的古树名木保护管理工作。

　　坚持原地保护。古树名木应原地保护，严禁违法砍伐或者移植古树名木。要严格保护好古树名木的原生地生长环境，设立保护标志，完善保护设施。

　　坚持科学管护。积极组织开展古树名木保护管理科学研究，大力推广先进养护技术，建立健全技术标准体系，提高管护科技水平。坚持抢救复壮与日常管护并重，促进古树名木健康生长。

　　（五）工作目标。到2020年，完成第二次全国古树名木资源普查，形成详备完整的资源档案，建立全国统一的古树名木资源数据库；建成全国古树名木信息管理系统，初步实现古树名木网络化管理；建立古树名木定期普查与不定期调查相结合的资源清查制度，实现全国古树名木保护动态管理；逐步建立起国家与地方相结合的古树名木保护管理体系，初步实现古树名木保护系统化管理；建立比较完备的古树名木保护管理法律法规制度体系，逐步实现古树名木保护管理法治化；建立起比较完善的古树名木保护管理体制和责任机制，使古树名木都有部门管理、有人养护，实现全面保护；科技支撑进一步加强，初步建立起一支能满足古树名木保护工作需要的专业技术队伍；社会公众的古树名木保护意识显著提升，在全社会形成自觉保护古树名木的良好氛围。

　　三、古树名木保护管理工作的主要任务

　　（六）组织开展资源普查。全国绿化委员会每10年组织开展一次全国性古树名木资源普查。有条件的地方可根据工作实际需要，适时组织资源普查。在普查间隔期内，各地要加强补充调查和日常监测，及时掌握资源变化情况。对新发现的古树名木资源，应及时登记建档予以保护。

　　（七）加强古树名木认定、登记、建档、公布和挂牌保护。各地要根据古树名木资源普查结果，及时开展古树名木认定、登记、建档、公布、挂牌等基础工作。在做好纸质档案收集整理归纳的基础上，充分利用现代信息技术手段，建立古树名木资源电子档案。

　　（八）建立健全管理制度。各地、各有关部门要按照国家有关法规、部门职责和属地管理的原则，进一步加强古树名木保护管理制度建设，明确古树名木管理部门，层层落实管理责任；探索划定古树名木保护红线，严禁破坏古树名木及其自然生境。在有关建设项目审批中应避让古树名木；对重点工程建设确实无法避让的，应科学制订移植保护方案实行移植异地保护，严格依照相关法规规定办理审批手续；对工程建设影响到古树名木保护的项目，项目主管部门要及时与古树名木行政主管部门签订临时保护责任书，落实建设单位和施工单位的保护责任。林业、住房城乡建设（园林绿化）部门要加强古树名木日常巡查巡视，发现问题及时妥善处理。要结合本地古树名木资源状况，制订防范古树名木自然灾害应急预案。

（九）全面落实管护责任。要按照属地管理原则和古树名木权属情况，落实古树名木管护责任单位或责任人，由县级林业、住房城乡建设（园林绿化）等绿化行政主管部门与管护责任单位或责任人签订责任书，明确相关权利和义务。管护责任单位和责任人应切实履行管护责任，保障古树名木正常生长。

（十）加强日常养护。古树名木保护行政主管部门要根据古树名木生长势、立地条件及存在的主要问题，制订科学的日常养护方案，督促指导责任单位和责任人认真实施相关养护措施，积极创造条件改善古树名木生长环境。及时排查树体倾倒、腐朽、枯枝、病虫害等问题，并有针对性地采取保护措施；对易被雷击的高大、孤立古树名木，要及时采取防雷保护措施。

（十一）及时开展抢救复壮。对发现濒危的古树名木，要及时组织专业技术力量，采取切实可行的措施，尽力进行抢救。对长势衰弱的古树名木，要通过地上环境综合治理、地下土壤改良、有害生物防治、树洞防腐修补、树体支撑加固等措施，有步骤、有计划地开展复壮工作，逐步恢复其长势。

四、完善保障措施

（十二）完善法律法规体系。各地、各有关部门要认真贯彻实施《森林法》、《环境保护法》、《城市绿化条例》等法律法规中关于古树名木保护管理的相关规定，加快推进古树名木保护管理立法工作，将实践证明行之有效的经验和好的做法及时上升为法律法规，加强古树名木保护地方性法规、规章、制度的制修订，进一步健全完善法律法规制度体系，努力提高依法行政、依法治理的能力和水平。

（十三）加大执法力度。各地、各有关部门要依法依规履行保护管理职能，依法严厉打击盗砍盗伐和非法采挖、运输、移植、损害等破坏古树名木的违法行为。各有关部门要加强沟通协调，对破坏和非法采挖倒卖古树名木等行为，坚决依法依规，从严查处；对构成犯罪的，依法追究刑事责任。

（十四）加大资金投入。各地、各有关部门要加大资金投入力度，积极支持古树名木普查、鉴定、建档、挂牌、日常养护、复壮、抢救、保护设施建设以及科研、培训、宣传、表彰奖励等资金需求。拓宽资金投入渠道，将古树名木保护管理纳入全民义务植树尽责形式，鼓励社会各界、基金、社团组织和个人通过认捐、认养等多种形式参与古树名木保护。积极探索建立非国家所有的古树名木保护补偿机制。

（十五）强化科技支撑。要加大对古树名木保护管理科学技术研究的支持力度，组织开展保护技术攻关，大力推广应用先进养护技术，提高保护成效。研究制定古树名木资源普查、鉴定评估、养护管理、抢救复壮等技术规范，建立健全完善的古树名木保护管理技术规范体系。成立古树名木保护管理专家咨询委员会，为古树名木保护管理提供科学咨询和技术支持。

（十六）加强专业队伍建设。各地、各部门（系统）要加强古树名木保护管理从业人员专业技术培训，培养造就一批高素质的管理和专业技术人才队伍。组织开展管护责任单位、责任人的培训教育，提高管护水平，增强管护责任意识。

五、加强组织领导

（十七）切实加强领导。地方各级人民政府要高度重视，切实加强领导，将古树名木保护管理作为生态文明建设的重要内容，纳入经济社会发展规划；要将古树名木保护管理列入地方政府重要议事日程，编制古树名木保护规划并认真组织实施，及时研究解决古树名木保护工作中的重大问题，定期组织开展资源普查，向社会公布古树名木保护名录，设置保护设施和保护标志；要建立和完善古树名木保护工作目标责任制和责任追究制度。地方各级绿化委员会要加强组织领导和协调，统筹推进古树名木保护管理工作。地方各级林业、住房城乡建设（园林绿化）等绿化行政主管部门要制订年度工作计划，明确目标，落实责任，强化举措，扎实推进古树名木保护管理工作。其他相关部门要加强协作，形成合力，协同推进古树名木保护管理工作。乡镇、村屯等基层组织要按照属地管理的原则，落实管护责任，做到守土有责，确保古树名木安全、正常生长。

（十八）强化督促检查。地方各级绿化委员会要进一步加强古树名木保护工作的统筹协调和检查督促指导。全国绿化委员会办公室会同有关部门每2年组织开展一次古树名木保护工作落实情况督促检查，对古树名木保护工作突出、成效明显的，予以通报表扬；对保护工作不力的，责成立即整改；对发现违规移植古树名木的，不得参加生态保护和建设方面的各项评比表彰，已经获取相关奖项或称号的，一律予以取消。要建立古树名木保护定期通报制度、专家咨询制度及公众和舆论监督机制，推进古树名木保护工作科学化、民主化。

（十九）加大宣传力度。各地、各部门（系统）要将古树名木作为推进生态文明建设的重要载体，加大宣传教育力度，弘扬生态文明理念，提高全社会生态保护意识。要充分利用网络、电视、电台、报刊及各类新媒体，大力宣传保护古树名木的重要意义，宣传古树名木文化，不断增强社会各界和广大公众保护古树名木的自觉性。及时向社会发布古树名木保护信息，组织开展形式多样的专题宣传活动，组织编写发放通俗易懂、群众喜闻乐见的科普宣传资料，提高宣传成效。

全国绿化委员会

2016年2月2日

山东省绿化委员会办公室
关于开展古树名木认定建档工作的通知

鲁绿化办〔2021〕7号

各市绿化委员会办公室：

为贯彻全国绿化委员会关于加强古树名木保护管理的有关要求，全面落实《山东省古树名木保护办法》，进一步做好全省古树名木保护工作，决定开展全省古树名木统一认定建档工作，现将有关事项通知如下。

一、目标任务

在以往古树名木资源普查的基础上开展必要的补充调查，统一古树名木的核实认定，规范登记造册，统一编号，统一全省古树名木保护标志牌式样，建立健全古树名木图文档案和电子信息数据库，逐步实现古树名木"一树一档""一树一策"精准化管理，为开展古树名木养护定责、保护执法、经费保障等工作奠定基础。

二、认定范围

拟纳入认定范围的古树名木，均需依照《古树名木鉴定规范》（LY/T 2737-2016）进行鉴定。根据鉴定结果，树龄100年以上的树木纳入古树认定范围。其中，树龄500年以上的古树实行一级保护；树龄300年以上不满500年的古树实行二级保护；树龄100年以上不满300年的古树实行三级保护。珍贵、稀有或者具有重要历史、文化、科学研究价值和纪念意义的树木，符合鉴定规范标准的纳入名木认定范围。名木不受树龄限制，实行一级保护。

三、技术规范

认定建档工作参照《古树名木鉴定规范》（LY/T 2737-2016）、《古树名木普查技术规范》（LY/T 2738-2016）、《古树名木代码与条码》（LY/T 1664-2006）等相关标准执行，相关技术要求和表格样式由省林草种质资源中心制发。

四、组织实施

全省古树名木认定建档工作由省绿化委员会办公室统一组织协调，省林草种质资源中心负责具体组织实施。各市绿化委员会办公室协调林业、城市绿化等古树名木主管部门组织本辖区相关工作。

五、时间安排

古树名木认定建档工作按级别分阶段实施。

一级保护古树及名木的认定建档：2021年8月30日前，各县（市、区）完成辖区一级保护古树及名木的认定工作。2021年9月20日前，各市完成辖区一级保护古树及名木的审核汇总并报送省绿化委员会办公室。省古树名木主管部门审核后报省政府确认公布，对确认的一级保护古树及名木由省绿化委员会办公室统一制作标牌，分发各市、县（市、区）组织实施悬挂。

二、三级保护古树的认定建档：2022年5月31日前，各县（市、区）完成辖区全部二、三级保护古树的认定工作。2022 年 6 月 30 日前，各市完成辖区二级保护古树的审核。2022 年 7 月 31 日前，各市绿化委员会办公室将二、三级保护古树认定结果汇总后报送省绿化委员会办公室。二、三级古树的标牌由省绿化委员会办公室统一设计，各市、县（市、区）自行组织制作悬挂。

县级古树名木主管部门认定建档的同时，同步更新全国绿化委员会"古树名木信息管理系统"的电子档案。

六、工作要求

开展全省古树名木统一认定建档工作，是落实《山东省古树名木保护办法》的重要举措，是各级古树名木主管部门应尽职责，对于全面加强古树名木保护管理具有十分重要的意义。各市要高度重视，加强领导，落实工作经费，发挥好绿化委员会的统一组织协调职能，明确各级古树名木主管部门及相关部门的责任，力争做到全覆盖、不遗漏。要严格执行相应国家行业标准规范，发现问题及时纠正，切实把好工作质量关，确保认定建档的规范性、一致性。要严格按照时限要求，及时报送认定成果，保证全省古树名木认定建档工作按时完成。

山东省绿化委员会办公室

2021 年 7 月 21 日